裸眼看星空

—— 觀星達人教你 ——
善用APP、網路資源及簡易工具，輕鬆觀察各種天文景象

美國變星觀測者協會資深會員
鮑伯·金恩 Bob King

丁超 譯

U0014877

Night Sky With the Naked Eye

獻給我的妻子，琳達，以及我的女兒，凱薩琳和瑪麗亞，
他們讓我此生圓滿

CONTENTS

前言   7

入夜時探索星空，令人樂此不疲，增長天文知識之餘，也讓我們對宇宙萬象及人類存在的意義有了更深體悟。

第一章   向太空人揮手說「嗨！」   8

抬頭看到衛星飛過，想知道它的身分嗎？這裡教你如何善用網路資源及手機app，輕鬆掌握國際太空站、銥衛星和其他金光閃閃的人造天體最準確的觀測時間與地點。了解「地球影子」如何影響衛星的能見度，以及太空人漂浮在太空中的原因。

第二章   期待夜降   27

夜晚出門觀星，即便沒有專業器材也能盡情享受天空之美，不過有些物品相當實用：保暖衣物、防蚊液，還有星圖或手機app。了解什麼是光害、降低光害的簡單作法，以及如何使用特定線上工具找出理想觀星地點。

第三章   地球「搖滾」   40

地球的側傾、自轉和公轉現象，導致天上星辰夜夜移轉，並隨季節變換位置。在這裡你將徹底了解地球的各種現象與其影響，為往後在夜間的星座及行星探索打下堅實基礎。

第四章   細看北斗   54

天上最容易辨認的星體排列當屬北斗七星，我們將從它開始找出北極星和所有「拱極」星座。你也會了解光年的定義、衡量星體亮度的「星等」，以及恆星與行星的差異。

第五章   四季星光   70

探星行動就此展開！我們按照季節，分別透過4幅簡易星圖，帶你找出天空中最亮的當季星座。過程中，你會遭遇新奇驚人的深空天體：肉眼可見的雙星、星團、星雲，還有仙女座星系。

第六章　月中玉兔　　　121

月球在觀星者心目中分量十足。我們將了解這顆天然衛星每月繞著地球運轉時，如何形成各種月相及能見度。我會帶著大家在有名的「月球人臉」上找到許多「月海」，甚至觀察幾個肉眼可辨的隕石坑，結尾時我們會綵排一下2017年的日全食場景。最後分享一些攝影技巧。

第七章　邂逅行星　　　157

行星的英文Planet在希臘文裡意謂「漂泊者」，自有其深意。它們永遠在移動。行星繞著太陽運行，沿途行經黃道各星座，這裡我們會學到如何找出其中最亮的5顆，並持續掌握它們的行蹤。

第八章　流星祈願　　　184

快點，許個願吧。流星及流星雨都是觀星入門者最想看到的天文景象。我們在此探討流星的由來、一年中最美的流星雨何時降臨、如何觀賞，甚至小行星撞上地球的可能性。如果你盼望有朝一日能親手摸到隕石，我們也會談談如何一償宿願。

第九章　極光驚豔　　　203

絢麗極光撼動心靈的程度，天空上少有其他景觀能與之媲美。我們會探究這些發光輝亮的布幔如何形成，以及如何預先得知極光將至。

第十章　夜空搜奇　　　219

凝神眺望夜空，我們同時看到了外太空與地球。恆星看似閃爍的現象，其實是我們呼吸的空氣造成的效果。冰晶雕琢出鮮豔的月暈和月冕，而彗星噴出的流星塵則孕育了神秘的夜光雲與黃道光。

致謝　　　246

關於作者　　　247

觀察練習列表　　　248

索引　　　250

前言

我喜歡把天空想成是始於雙腳踩踏之地，就這麼從地面向上延展至浩瀚無垠。人們一抬起頭其實便與天空同在；日月輝映照拂臉龐，入夜後凝視頭頂上方繁星閃爍的夜空，令人心曠神怡。星空奇景如此引人入勝；人類的右腦及左腦共同為之激盪——一方面，群星之美令人充滿感性懷想，同時間，又伴隨了對視覺感官中事物加以詮釋的渴望。

夜空傳達的意念觸動我們內心的哲人情懷。仰望無邊無際的星空，誰會不想知道人類在宇宙中是否真的孤獨、在地球以外到底有沒有鄰居？有時我和朋友或學生一起外出觀星，大家常會問我，究竟天外是否存在著外星生命？或許有生之年我們無法得知答案，但我深信不移，我認為它們八成存在，即便不會出現駕著雷射動力飛行器呼嘯而過的外星人，也有長得貌似感冒病毒的外星物種。

抬頭仰望，天空如此遼闊又深不可測。而這就是它令人著迷、神往的原因。廣袤無邊的空間足以包容各種理念、激發各種想法，或療癒嘗盡人世疾苦的心靈。身處紛擾不斷的年代，我們比以往任何時候更需要慰藉與反思。何不就讓夜空助我們一臂之力呢？

自我11歲起，便忘情於探索天空，使用過的望遠鏡各式各樣，在戶外的每個晚上，很多時候我什麼也不做，只是仰頭張望。放下心中所有雜念。在靜謐中全神貫注。此時的我總能完全放鬆心情，頭腦也變得異常清晰。在天氣狀況良好的夜晚凝視天上繁星，總引來心中種種奇想，我們從而醒悟，自己在這大得超乎想像的宇宙中是多麼渺小。

我想透過本書為你介紹夜空中最精彩的一些天體，而且都是僅憑肉眼就能看見的。你不需要用到天文望遠鏡或雙筒望遠鏡，當然啦，如果你有這些設備，儘管使用！我們會探索許多星群與它們坐落的星座、行星的運行方式、月球的各種相貌、流星雨、北極光、衛星，以及遠在銀河系外的星系。就像大家想知道自己心愛歌曲背後的故事，對各個天體的背景稍加了解也能讓觀星體驗更加有趣。星空中每個閃爍的小小斑點都是一個真實存在的地方——可能是個下著氨雨的行星，或是顆比我們的太陽大上100倍的恆星。

一開始，我們要先在自家後院學會如何追蹤那些最亮的人造衛星，正式開拔前，你還會認識幾個簡單的輔助工具——裝有紅色濾鏡的手電筒、星圖，和具備觀星導引功能的手機APP軟體。另外，我也要在書中回答一些大家常問的問題，例如：「我要怎樣找到各大行星？」、「哪裡可以看到北極光？」、「為什麼夏天看不到獵戶座？」。

雖然這是一本為觀星入門者所寫的書，但我也安排了不少值得玩味的挑戰，不論你是初學者或觀星老手，相信都能從中得到樂趣。一旦開始享受觀星之樂，我可以保證你絕對不會感到厭煩。畢竟這會兒我們還在你家門前聊著整個宇宙。現在，就讓我擔任你的嚮導，展開行動吧！過程中，你可能會不小心著涼、苦於蚊蟲滋擾，也可能突遇雲霧遮蔽了視線——這些都是星迷們最頭痛的問題，但別忘了你正從事著冒險觀察練習，這是一場揭密之旅，而你即將從一個截然不同的角度重新發現世界的神奇。

◀ 星空看起來好近，但眼中景象其實來自距離、時光都相當遙遠的天際，不過人人都能輕易觀賞。仰首間我們探究宇宙，想像空間無遠弗屆，靜默中我們省思天地萬物。照片提供者：鮑伯·金恩

第一章
向太空人揮手說「嗨！」

你對晚上從頭頂飛過的物體感到好奇嗎？這裡會告訴你該去哪裡、在什麼時間可以看到國際太空站（International Space Station, ISS）、銥衛星（Iridiums）和其他明亮的人造衛星。我們將探討「地球的影子」（Earth's shadow，簡稱「地影」）如何影響人造衛星的能見度，同時發現太空人能夠漂浮在太空中的驚人原因。

觀察練習：

· 在下一個天氣晴朗的夜晚走到戶外，找出地球的影子（參考第10頁）。
· 無論你置身地球何處，練習用指南針判定目前方位（參考第12頁）。
· 捕捉到空中閃閃發亮的銥衛星（參考第24頁）。
· 太空站通過時，用相機為它拍張照片（參考第24頁）。
· 運用網路資源和手機上的APP，找出太空站飛過你家上空的時間（參考第26頁）。

　　有過這樣的經驗嗎？某個晴朗夏日的夜晚，你走到戶外，沉浸在滿天星斗的美景當中，忽然，有顆星星從眼角掠過，就像蒼穹間拔掉了一顆星。當下你所看到的，可能根本不是星星，而是一個離地很近、用鋁鈦合金及碳纖材料打造的飛行器。

　　人造衛星會在太陽稍低於地平線下之際——通常是在黎明或黃昏，進入地面觀測者的視界，因為這時衛星所在的軌道位置仍在太陽照射範圍內。傍晚暮光及拂曉曙光中，是觀察衛星最好的時機，尤其以夏季的月分最為理想，因為這時期的夜晚有大半時間都能看到曙暮光。

　　人造衛星運行在距離地表161公里或更高的軌道上，所以有辦法「把頭伸進」陽光之中，與日落山谷後陽光餘暉仍能映照在山麓頂峰是一樣的道理。陽光照射下的衛星襯映在逐漸變暗的天空時，看來猶如一顆明亮的行星。

　　衛星運行的軌道要比喜馬拉雅山聖母峰高出幾十倍（一般介於400～800公里），在日落後及日出前的1～2個小時內，仍可被地平線下的太陽光映照到。國際太空站和大部分科學衛星都運行在離地180至將近2,000公里高的低軌道上（low Earth orbit，LEO）。導航衛星，譬如我們所熟知、幫助我們透過手機找到目的地的GPS全球定位系統衛星，則運行在2,000～35,780公里高的軌道上。氣象衛星運行在35,780公里高的軌道上偵測地球氣象，並將拍下的影像傳回地面，於是我們便能在晚間氣象新聞中收看。

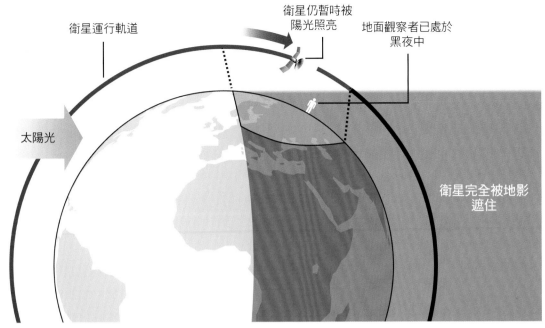

衛星運行軌道

衛星仍暫時被
陽光照亮

地面觀察者已處於
黑夜中

太陽光

衛星完全被地影
遮住

▲ 衛星反射的陽光讓我們能看到它。日落後及日出前1～2個小時裡，對地面觀察者來說，已經天黑了，但許多衛星仍然受到
陽光映照，因此還看得到。但衛星會逐漸被地影遮蔽，最後不見蹤影。圖片提供者：蓋瑞·梅德爾（Gary Meader）

▼ 日落後，短時間內地球的影子會出現在東方的天空，看似地平線上泛起了一抹深暗的紫灰色帶。同樣的景觀在即將日出前
也會出現在西方天空。日落時太陽餘光碰撞到大氣中的塵粒便會四下散射，最後到達我們的眼睛，於是我們會發現，地球
的影子上方往往還鋪有一道美麗的粉紅色暈，稱為「金星帶」（Belt of Venus）。照片提供者：鮑伯·金恩

　　我們之所以能在曙暮光中見到深夜時無法看見的物體，與地球的影子有直接關聯。晴天時，陽光會將樹木與建築物的陰影投射至地面；同樣的，地球也有自己的影子。太陽照射地球形成的投影會穿越天際，遠遠擲向太空深處。太陽一下山，你我便會發覺自己已被地球的影子籠罩，而此刻運行在我們上方極高處的衛星，暫時還會受到陽光映照一段時間，直到它完全隱入地影闇黑中便看不見了，正如上圖所示。

觀察練習： 地球的影子在任何晴天傍晚或早晨都看得見，實在令人興奮！只要在日落後10分鐘左右向東邊看（或是日出前約30分鐘面朝西邊），就會發現太陽正對面的地平線上方綿延著一條界線模糊的紫灰色帶。這條陰影上方，還平貼著一道秀麗的玫瑰色光芒，那便是金星帶。人們對金星帶命名的由來莫衷一是，但可推斷，此名乃源自古羅馬神話中維納斯女神圍著的那條迷人神奇緞帶。金星帶又叫做「反曙暮光弧」（anti-twilight arch），是高空中仍被陽光照亮的大氣向下反射，形成我們眼中所見的嫣紅光彩。

暮色之中，地面觀測者看到太陽沉入地平線下，地球的影子停留在東方低空中。隨著夜幕低垂，陰影逐漸向上擴散，慢慢吞噬掉整個天空。此時，天上的衛星會依其所在高度逐一被地影遮住，景況如同你從豔陽中走近大樓時，身體漸漸隱沒於陰影當中。

天剛破曉時，地球的影子朝西邊地平線緩緩褪去，營造另一個有利的觀測時機。在夏天觀測衛星要比冬天來得理想；除了曙光、暮光會在夏季出現較久之外，太陽的角度也比較理想（在北半球夏季，即便到了午夜，太陽的位置也僅稍微低於地平線），部分天空甚至整夜都有暮光。冬天則剛好相反。這時太陽會沉入地平線下深處，投射出來的地影幾乎占滿整個夜空，黑暗的時間也隨之拉長。

有時，當一顆衛星沿軌道移動，起先會照到陽光，而一旦通過中途某個位置，頓時便進入地影範圍。我想你猜得到接下來的發展。陽光一被切斷，運行中的衛星立刻陷入一片黑暗當

▼ 就像翹翹板一樣，太陽下山，地影就會升起。在地影尚未籠罩整個夜空前，低軌道上運行的許多衛星由於位置較高，仍能照到日光，劃過天際時也順便讓地面的觀星者一飽眼福。圖片提供者：鮑伯‧金恩

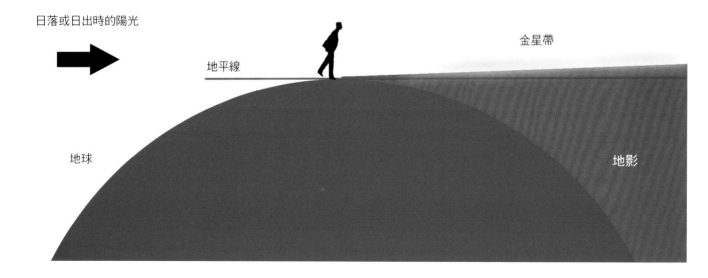

日落或日出時的陽光

金星帶

地平線

地球

地影

▲ 國際太空站是天空中最亮、最大的人造衛星。它的運行軌道傾角（註：軌道面與地球赤道面的夾角）頗大，因此地球上除了極北與極南的緯度地區外，所有其他地方都可觀察到它。照片提供者：NASA

中，我們也就看不見它了。觀察太空站時，最容易見到這般景象，當你看著它從一開始閃亮的身影，於剎那間突然消失，必定大感驚奇。

說到這裡，你大概很想知道今晚會有什麼東西從頭頂飛過。目前看來，國際太空站是最亮、最好找的目標，它每隔92分鐘就會繞行地球一圈。當你按照事前得知的時間及地點在外頭守候，然後看著它準時出現在你家上方的天空，至今仍是非常過癮的觀星盛事。

每當太空站行經上空，發出燦爛的光芒一如木星般耀眼，甚至有時還搶了金星的丰采。由於黑暗背景中的發光體會在人類視網膜上形成「光滲效應」（irradiation），閃閃發亮的太空站這時看來相當龐大。如果想把國際太空站的實際造型和大小看個仔細，就得透過功能較強的雙筒望眼鏡或小型天文望遠鏡。各種衛星的尺寸不一，小的有如一條土司，大的則有近乎足球場長度的太空站，但距離地表都有數百英里之遙，所以我們用肉眼觀察起來都像星星。

觀察練習：

準備好去找太空站了嗎？首先，你得判斷自己目前所在的方位，沒有羅盤也不要緊的。轉身朝向太陽下山的大致方位——那是西方。向右伸出你的右臂。那是北方。於是左臂便指向南方，而此刻你正背對著東方。如果你來到一個陌生環境，不大確定日落的方向，可以打開手機上的指南針app。iPhone使用者可以點一下工具程式匣裡的指南針圖示。安卓系統的手機用戶可下載一個免費的指南針app（參考第26頁）。

沒帶手機？也沒問題。北斗七星是最可靠的指標。

抬頭找出北斗七星那另人眼熟的勺子和斗柄外形，在勺口末端的兩顆星間畫一條假想線，再將其長度向外延伸5倍，你就找到北極星了，也就是我們的「北方之星」。北極星看來也像北斗七星之一，它的位置幾乎就在正北方。面向北極星時，你的背後就是南方，左手邊是西方，右手邊是東方。本書第57頁的附圖有更詳細的說明。

再來，你需要知道太空站飛過的時間與飛行路徑。很多地方都能取得這些資訊。你可以直接在「Stop the Station」（網址：spotthestation.nasa.gov）或是「Spaceweather」（網址：spaceweather.com/flbys/）等網站上，輸入你所在的地點，畫面上便會出現一個表格，告訴你幾個日期、衛星臨空及穿越的時間（國際太空站到達你頭頂上空最高位置的時間）、星等／亮度（magnitude），及建議的觀賞位置。

希望能夠一目瞭然嗎？那麼你可以登入「Heavens Above」（網址：www.heavens-above.com）網站，從清單中或地圖上選擇你所在的城市。在「人造天體」標題下（註：英文介面時為「Satellites」），點選ISS（註：在繁體中文介面下，點選「國際太空站」），便會跳出一個未來10天可以看到衛星的時間表。要記得上面顯示的時間為24小時制；6:00指的是上午6點，18:00指的是下午6點。這裡除了有「太空天氣」的基礎資訊，還會告訴你——明亮度、出現方位、最高點方位與消失方位——外加一張星圖！

在這張星圖的飛行軌跡上，還標示了衛星行經各個位置的時刻，讓你清楚掌握飛行全程的時間與方向。這張星圖是將頭頂星空以二維方式呈現，以我們頭頂正上方的位置做為圖的中心，或稱為天頂（zenith）。圖的上方指向北邊，下方為南，圖右為西，圖左為東。

許多追蹤網站在定位衛星時，使用「仰角」（alt），即地平線上方所在高度，與「方位角」（az）或羅盤方位。這裡量測的高度，是用度數為單位，以地平線為0°，正上方的天頂為90°。測量方位角時，則以地平線為指針順時鐘旋轉，北方為0°（亦可視為360°），依序為指向東方時的90°、南方為180°，而西方則為270°。

如果你用智慧型手機，就不用登入這些網站查詢，你可以下載使用免費的ISS追蹤app，本章結尾（第26頁）列出其中不少。等你啟動app，讓它鎖定你的位置之後，每天都會收到衛星資訊預報及運行路徑，手指一點就可讀取。透過app內建功能擴充，花點小錢，你還能追蹤哈伯太空望遠鏡、中國天宮太空站、最新出現的彗星和許多其他天體。我們真的活在神奇的年代。

　　假定今晚國際太空站將要通過你家附近上空，那麼一塊兒出門觀測吧。到了戶外，先花個幾分鐘確認方位，同時讓自己的眼睛適應黑暗。好玩的事情來了——大家看到一顆淺黃發亮的「星星」凌空而過，裡面坐著一組太空人呢！太空站運行時間的精準程度總讓我驚訝連連。如

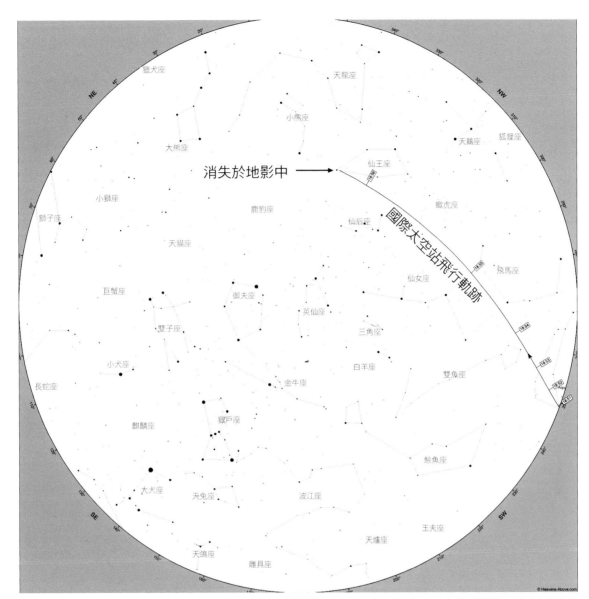

消失於地影中 ⟶

國際太空站飛行軌跡

獵犬座　天龍座
小熊座　天鵝座　狐狸座
大熊座　仙王座　蠍虎座
小獅座　鹿豹座　仙后座
獅子座　天貓座　仙女座　飛馬座
巨蟹座　御夫座　英仙座
雙子座　三角座
小犬座　金牛座　白羊座　雙魚座
長蛇座
麒麟座　獵戶座　鯨魚座
大犬座　天兔座　波江座
天鴿座　天爐座　玉夫座
雕具座

▲ 圖中顯示Heavens Above網站回報2016年2月3日在美國伊利諾州芝加哥市可觀察到的國際太空站飛行軌跡。當太空站消失於地影時，追蹤也宣告結束。從即將進入地影前至完全消失的過程裡，你可透過雙筒望遠鏡看見太空站在落日餘暉中泛出紅光。圖片提供者：Heavens Above網站，克里斯·皮特（Chris Peat）

果預報的行經時間是晚上8點02分，那就絕對錯不了，你會分秒不差地在西北方夜空中看到這顆發光的「星星」現身、移動。雖說這背後都是科學，但簡直就像魔術表演。

　　在國際太空站周而復始的運行過程裡，我們首先看到它自西方低空處現身，滑過北邊或南邊的天空，隱沒於東方。無論你住在城市近郊、小鎮或鄉下都看得見，因為太空站的光芒相當

搶眼。它所發出的光亮非常穩定，不像飛機的燈光那樣閃爍或是忽明忽暗。

飛機機翼上的照明會間歇地發出紅光及綠光，而國際太空站和絕大多數衛星則像恆星般穩定發光。偶爾或會出現失控的衛星或火箭進入軌道前脫落的推進器自空中墜落，它們翻轉下墜所發出的閃光毫無規則性。這些殘骸墜落時的運動方式與光芒和衛星也完全不同，稍微觀察幾個月就不難分辨箇中差異。至於流星，則是從天上一閃而過，接著消失得無影無蹤。

太空站從天上飛過時，我們仔細觀察它的色彩。大部分衛星都沒有顏色，但國際太空站裝有8組巨大的陽光發電模板，是使用聚亞醯胺薄膜材質（kapton）構建，在陽光映照下，會發出淺黃色澤。我們有時會見到它突然金光閃閃，那是太陽能板對著你反射陽光的結果。大家可欣然期待這份驚喜。

國際太空站剛從西方地平線上出現時，離我們還很遙遠，呈現出一顆緩慢移動的黯淡光點，但當它來到靠近你正上方的位置時，你和太空站上的太空人間只相隔400公里。此刻，它不但光彩奪目，看來也是移動最快的時候，就像架飛機。上面的太空人這時正以每小時超過27,360公里的高速飛掠而過，別忘了向他們招手說「嗨！」。對多數人來說，這大概會是我們和太空人距離最近的一刻，有趣極了。

▼ 你可用相機捕捉到太空站消失於地影前映照的日落餘暉。拍下這張照片時，國際太空站正接近地影，不遠處可見到素有北方皇冠之稱的北冕座。照片提供者：鮑伯・金恩

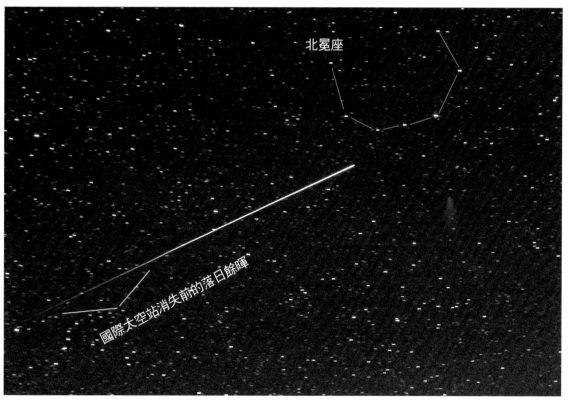

▲ 2014年8月8日，太空運補船ATV-5循著國際太空站的軌跡飛行。當運補載具發射升空與太空站會合，接近目標時，你便可欣賞軌道上一場「貓捉老鼠」的動人表演。照片提供者：史特凡・畢雷格（Stefan Biereigel）

假如我們在近晚時分或黎明觀察到國際太空站，它會出現1～2次，中間間隔1.5小時。通常其中一次的時間較短，原因是受到地球陰影遮蔽。這時站上太空人所看到的，是完整的日落景況。他們視野中，所有景物紛紛泛起紅橙相間的光芒，一如地面上的日落情景，整個太空站也染上一層夕陽餘暉。我曾試著以肉眼觀察太空站的光彩流轉，並沒有成功，但透過雙筒望遠鏡便能看見，輕鬆得令人吃驚。你不妨試試。

每隔幾個月，俄羅斯的聯合號（Soyuz）太空船會運送太空人及俄國宇航員往返於地球與太空站之間。未來，與NASA簽約的美國民間私營發射系統將負責提供太空站人員的運輸。載運貨物的太空船也定期停靠，為太空站補給食物、燃料、零件與其他物資。我們可在這些忙碌的往返間盡情觀賞。貨船停靠前會重複地繞行軌道，一吋吋地慢慢接近太空站，直到兩者前後對齊，而你在地面所見，就像一場經典的貓捉老鼠遊戲。

觀察幾次國際太空站運行的情形後，你會發現，它在天空移動的角度可從偏向低空到頭頂正上方不等。根據你所在的城市與太空站被射進天空時的軌道位置間的相對關係，它的繞行路徑有可能切過地球北方上空，然後從西北向東南畫出一條斜線，或在南方地平線上空輕輕掠過。

▼ 比起哈伯太空望遠鏡，太空站軌道的斜度或傾角要大出許多，因此可被地球上更多的地區觀察到。圖中，劃過美國南部和南美洲南部的兩條紅線之間，是地球上可以看見哈伯太空望遠鏡的地區。另外，只要是住在圖中地球頂部與底部兩條紅線之間的人，都能看見國際太空站。圖片提供者：蓋瑞·梅德爾；來源：Quora公司，羅伯特·佛洛斯特（Robert Frost）

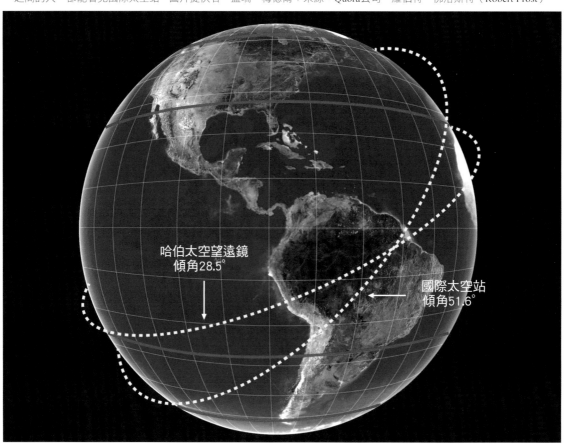

哈伯太空望遠鏡
傾角28.5°

國際太空站
傾角51.6°

為什麼太空站永遠由西向東繞地球運行，而不是由東向西，你對這背後的道理感到好奇嗎？大部分衛星升空時，火箭都是朝東方發射，如此可藉著地球由西向東的自轉運動為推升加速。地球上佛羅里達的卡拉維爾角（Cape Canaveral）所在的緯度每小時轉動1,473公里，這也是從該處發射的衛星所能增加的速度。誰不想順道搭個便車呢？拜地球自轉所賜，我們不必將衛星運載火箭造得太大，因此節省了許多燃料和經費。

太空站的繞地軌道與地球赤道形成51.6°夾角，或稱為傾角，可說傾斜得相當厲害。而此傾角決定了你在地球何處能見到它。地球上位於北緯51.6°以南和南緯51.6°以北的任何人都能看到國際太空站從頭上飛過。在此區域以外、但離得不是太遠的人，也能看見它自低空掠過，但不會飛至頭頂上方。住在或接近此一緯度區間的大多數人，也就是差不多95%的地球居民，都有機會觀賞到國際太空站。

反觀，哈伯太空望遠鏡的運行軌道傾角為28.5°。有一次我到南卡羅萊納的查爾斯頓（Charleston，位於北緯33°）參加會議，還抽空去觀測了哈伯，那是我在北明尼蘇達（北緯47°）的老家從來都看不到的。哈伯不像國際太空站那般大（約略為大型校車的大小），也黯淡不少，它位在距離地表550公里的軌道上，每隔96分鐘繞地球運行一周。如果你住在美國南部到南美洲中部之間的範圍內，你不妨找找它的蹤影；Heavens Above網站上有提供相關連結。

國際太空站以27,360公里的時速，每92分鐘繞地球飛行一圈，站上的太空人每一天都會經歷15～16個日出和日落。我相信，他們永遠看不膩地球上方千變萬化的雲彩與太陽輕快升起的景象。尤其是太空站得天獨厚的傾斜軌道，在飛越極光帶時，賦予站上所有太空人絕佳視野，讓他們能夠一遍又一遍地欣賞絢麗的南極光與北極光。

▼ 2010年，NASA太空人崔西・卡德威爾・戴森（Tracy Caldwell Dyson）靜靜倚在太空站穹頂艙的舷窗旁，陶醉於下方的地球景色。照片提供者：NASA

▲ 這是國際太空站運行至美國中西部上空時拍下的地球夜景，照片中可見地面上數以百計的城市發出的燈光，城市間呈現出星羅棋布的道路與州際高速公路。中上方可見到芝加哥與密西根湖的黑暗輪廓；右下方的亮光來自聖路易市。明尼亞波利市（Minneapolis）位於照片左側邊緣與芝加哥中間。照片頂端及左上角發出綠色調的極光，而右邊則有一條大氣輝映形成的淺綠色帶，是空氣分子於白晝吸收了太陽紫外線能量，夜晚時釋出產生的效果。照片提供者：NASA

▲ 2015年8月25日，NASA太空人凱爾．林格倫（Kjell Lindgren）正忙著把運補船送到太空站的新鮮蘋果、柳橙和檸檬收好。造訪的太空船經常為站上的太空人帶來若干新鮮食物。太空人打開包裝時必須非常謹慎，否則內容物很容易漂散在失重狀態下的太空站內。照片提供者：NASA

太空站上的太空人跟地球上的我們一樣，平時都要工作，只有在閒暇時觀賞一下地球。國際太空站就是一個太空實驗室，組員們在一個稱為「微重力」的特別狀態下，進行著包括生物、物理、氣象、天文及化學等各種實驗。

當你看到太空人在太空艙以及擁有地球窗景的穹頂艙裡漂來漂去時，你會認為太空站裡沒有重力。其實這想法錯得非常離譜。假設重力稍微消失片刻。你能猜到會發生什麼事嗎？整個太空站會脫離地球，轉而進入一個繞太陽運行的軌道。地球重力對太空站發揮了牽引效果，使它不致漂離。那麼，失重及無重力現象是怎樣發生的呢？假如你有過搭電梯到低樓層時，下降速度飛快的經驗，那麼當下你或許覺得自己幾乎騰空而起。當你坐的飛機穿越嚴重亂流時，感受同樣令人不安，彷彿座位下方的機身就要棄你而去地下墜。現在，我們把太空站想成一具電梯。

在繞行軌道每一圈的每一分鐘，太空站都在不斷地下降、下降，往地球下降。它之所以沒有墜毀，是因為沿著軌道前進的速度夠快，快到足以讓它繼續在繞地弧線上移動。繞著球體旋轉，永遠不會觸及球體表面；若地球是平的，那麼繞第一圈時就會墜毀於地表。假如你不信，不妨看看太空人每天高高興興發的推特推文，那也足以向你證明地球是圓的。

我們並不是每晚都看得見國際太空站。受到地球重力的「擾動效應」（perturbing effect）影響，觀賞國際太空站存在所謂的「可見時段」（windows of visibility），每次為期大約2個月。在這段期間內，最初的一個月左右，它會出現於黎明時的天空，接著則在黃昏時的天空中也可大致看見，然後就會完全消失一陣子。別擔心，它仍一如既往在天上疾行，只是位於白晝的天空。很快地，它又會開始在黎明時分出現。

▼ 圖中顯示太空站在5月下旬時，運行軌道幾乎貼近地球的日夜分界線（白晝及夜晚的分野）。這時，太空人不會進入地球陰影中，所面臨的是「午夜太陽」經驗，而地面觀察者在晚上可看見太空站從頭頂飛過多次。此例描繪了北半球在6月初的情形。圖片提供者：鮑伯·金恩

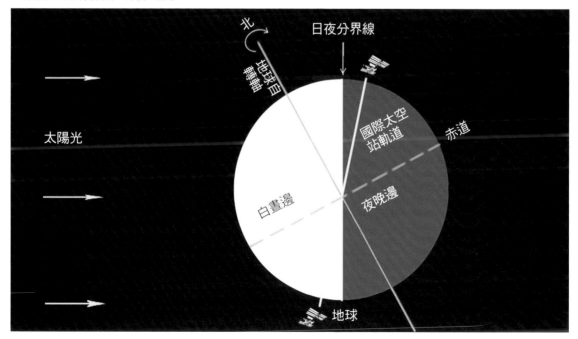

這種周而復始的運行，一年中也會遇到例外：在5月底到6月初，北半球即將入夏之際，太空站的軌道幾乎和地球日夜分界線（區隔日夜的界線）排成一線。這時，對太空人來說已經沒有日落。站在地面上北緯40°到55°之間（南半球的夏天，則是南緯40°到55°間），會發現國際太空站始終運行在太陽照射下，完全不進入地影當中。在這段日子裡，晚上看見太空站的機會就不只1～2次，自黃昏到黎明，你最多可見到它6次。那些通宵達旦、全程觀賞的人，就會驕傲地說他們陪著國際太空站跑完了一場馬拉松。南半球的天文愛好者參加這場馬拉松盛會的時間是在12月。即便是離我們最近的衛星，也運行在161公里的高空。國際太空站比任何其他衛星都亮，因為它是有史以來人類送上太空最大的機器，相較一般如同電冰箱大小的人造衛星，其所映照的光芒要強烈許多。同時，它更配備了八組反射性極高的巨大太陽能充電板，可將日光轉換成太空站所需的電力。

有時別人會說衛星在空中的行進軌跡看似飄忽不定，甚至有如鋸齒般曲折。也許連你自己都曾發現。其實我們看到的移動景象倒是不假，但那只是肉眼詮釋的感知，不是真正的衛星運行方式。在我們變換視角時，眼睛接收到的影像並非平滑連貫，會產生許多短暫的視差。我們在家中或工作場所看著尺寸熟悉的物體時，通常不會注意這個現象，但當我們觀看黑暗背景所襯映的移動光點，這種生理結構上有趣的特異性便被凸顯了。

天候狀況理想時，你在一般郊外地點望向夜空，每小時可看到10～20顆衛星。你可再回到Heavens Above網站，在「人造天體」標題下，點選「每日預報－較亮的人造衛星」連結，然後從清單中選擇你的所在地區，系統便會告訴你如何找到並辨識這些衛星。同樣標題下也可點選哈伯太空望遠鏡的行蹤預報。前面提到的一些輔助觀星的手機apps功能中，也包含對哈伯太空望遠鏡和其他較冷門衛星的預報。不管你用哪種方法，記得你所選的衛星至少要在3星等（magnitude，mag）以下，或比這更亮——剛開始先別急。對初學者來說，4星等及更暗的衛星很不容易找到。「星等」是天文學家為天體亮度分級時所用的單位，我們在第四章（第54頁）有更深入的討論。

自從前蘇聯的史波尼克號衛星（Sputnik）於1957年升空後，人造衛星便為太空時代揭開了序幕。轉眼來到現今的世紀，每天晚上都有數百顆衛星從我們頭頂快速通過。美國戰略司令部今日追蹤的衛星數目已超過17,000個，其中有最大的國際太空站，也有拳頭般大小、多節火箭分離後爆裂的碎片。在這眾多物體當中，正常運作的衛星大約只有1,100顆。無論它們是「死」是活，在陽光映照下都會發出光芒。

令人驚訝的是，絕大部分繞著地球漂浮的物體根本毫無功能，都是些火箭將偵察、通訊和科學衛星送進軌道後丟棄的推進器殘骸。再加上測試衛星時彈出的碎片及破裂物、爆炸等意外事件殘餘，乃至某位太空人在太空梭外進行太空漫步時弄丟的工具包，難怪有人估計目前環繞在地球軌道上的人造物體多達500,000件。

晚上你在郊外觀星，夜空中有好幾百個亮度足以讓你看見的衛星，其中超過三分之一是前蘇聯和俄羅斯在把軍用及科學衛星射進軌道時、使用的宇宙號系列火箭遺留的推進器殘骸。正常運作的包括了那些正在執行偵察、氣象、勘測和通訊任務的衛星。其中年代最久遠、仍在軌道上運行的，是美國在1958年3月17日發射升空的先鋒一號（Vanguard 1）。

稍早我提到，不少衛星靠著地球自轉借力使力，由西向東繞地球運行。也有另一類衛星，例如氣象衛星，以及勘測與軍用間諜衛星，則環繞在由北向南（或由南向北）的軌道上。此類衛星是循「極軸」（polar orbits）移動，每日繞行地球一周，所經之處全在它們的監視範圍內。

▲ 圖中看似破折線的是一節脫落的中國火箭正在急遽下墜，以肉眼看來，像是劃過天際的一道閃光。照片提供者：麥可‧卡溫頓（Michael A. Covington）

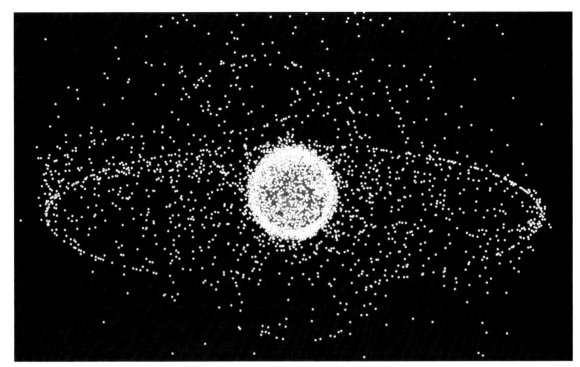

▲ 近地太空中充斥許多太空垃圾，絕大都是淘汰的衛星和將它們推送至軌道所使用的推進器殘骸。美國戰略司令部目前追蹤超過17,000個衛星，其中正常運作的大約只有11,00顆。圖片中密集貼近地球的斑點代表低軌道上的衛星。圍繞在外、形成環狀的屬於高軌道衛星，譬如用途為氣象觀測及負責全球通訊的衛星。照片提供者：NASA軌道廢棄物專案辦公室

只見夜空星光閃爍──如何辨識閃亮的銥衛星

　　最後還有一組衛星，單就其驚人的實用價值來看，更值得我們特別關注。它們就是「銥」衛星，是以化學元素周期表上排序第77的銥元素來命名，原先計畫部署77顆，建構一個巨大的通訊衛星網路系統。銥衛星群位於地球上空780公里處，運作中的約有66顆，在傾角斜度非常大的軌道上環繞整個地球，連南、北極上空也在其覆蓋之下。

　　一般來說，銥衛星太暗，除非使用雙筒望遠鏡，不然不太容易看見，不過衛星的鐵氟龍天線模組上鍍了層銀，又使它們可像鏡子般反射陽光。當它經過觀測者所在位置上空，到達一定角度時，在短短的5～10秒內，我們會看到它發出短暫而絢爛的光芒。

　　同樣的，Heavens Above網站也可幫你找到銥衛星。用滑鼠點選「銥衛星閃光」連結，你會看到表中預測的幾個觀測時點，包括亮度、時間，以及仰角（地平線上之高度）與方位（指南針方位）。比方說，當它預報某個閃光出現時的仰角為45°、方位為225°，你便可在西南方半空中的位置找到。如果擔心找不到，你可點選「閃光時間」，網頁上會帶出一張星圖，上面呈現衛星移動路徑，還會告訴你發出閃光的時間與位置。使用蘋果iPhone手機可下載Sputnik!，透過這個app你可以知道附近出現銥衛星閃光及國際太空站通過的相關資料，安卓手機則可使用ISS Detector（有免費簡體字版）達到同樣目的。

▲ 長時間曝光拍下銥衛星75號的一次短暫而輝煌的閃光過程。衛星的鐵氟龍材質天線有如一扇門的大小，上面鍍了銀，可像鏡子般反射太陽光。當銥衛星暴露於陽光中，短暫出現的亮光甚至強過金星。在長時間曝光拍攝這張照片的過程裡，衛星從右向左移動，起初相當黯淡，然後迅速地發亮，達到最亮的頂峰後又很快地變暗，亮度直降到肉眼無法察覺。照片提供者：鮑伯‧金恩

　　Heavens Above網站還會告訴你目前所在位置與閃光中心點的距離、該往哪個方向，開多少路程前往最亮的觀測點，捕捉到銥衛星天線方位最能集中反射陽光的時刻。閃光時的超高亮度，甚至比金星最亮時足足亮了20幾倍。此刻，周遭的天空在強烈光芒映照下，彷彿出現靜寂的爆炸。然而為時僅僅數秒，銥衛星再度隱入黑暗的夜空。

　　記得多年前的一個冬夜，我曾借助衛星之力，讓一起出遊的十幾歲青少年夥伴們相當開心。當時大家正瑟縮在冰凍的湖旁抬頭看著夜空，我告訴他們我有個預感，有件奇妙的事情即將於9點12分發生在獵戶座上方不遠處。（說穿了就毫不稀奇：我事前先查出銥衛星發亮的時間。）當那一刻到來時，有個學生大聲喊著頭上冒出了一顆新的「星星」。由於天空驟現的閃亮，讚嘆之聲在夜間此起彼落。之後，我把有關銥衛星的原委向他們說明。想當然爾，接下來的時間我成了眾人注目的焦點——那一晚，銥衛星幫我占盡優勢。

　　當你頭枕雙臂仰臥於地，欣賞著衛星自夜空滑過，想來應該沒有比這更輕鬆自在的事了。或許我們覺得平凡無奇，不當回事，但若看在前人眼裡，這些人造的鳥兒簡直近乎神跡。

觀察練習：如何拍下國際太空站和銥衛星閃光的照片

數位相機是否比智慧型手機的拍照功能強一些呢？想不想試著隨手拍下較亮的銥衛星？你的相機至少要能曝光15秒。最佳的衛星照片是在月光下或趁著曙暮光深沉時拍攝，如此，照片背景就可呈現飽滿的蔚藍星空。這裡我告訴你怎麼做到：

1.大家的相機多半都設成自動模式。在天文攝影或是衛星拍照，首先將相機調整到全「手動」模式。

2.使用廣角鏡頭，或將變焦鏡頭的廣角值調到最大，作法是看著相機的觀景窗，然後轉動鏡筒，直到視角變得最為寬廣。鏡筒上的刻度數字愈小，視野愈廣。舉例來說，16～24mm就算是廣角了，35～50mm則為「標準」值。

3.鏡頭上的光圈可用來控制相機進光量的多寡。夜間拍攝時，把鏡頭「開到」低光源設定（f/2.8～f/4.5）以便容許最大進光量，並將感光度ISO值調到400或800。ISO值代表相機對光的敏感度。數值愈高，感光度愈佳。而感光度愈高的相機，達到理想曝光效果所需的時間也愈短。

4.多數相機都會盡量對漆黑夜空中的點狀物進行自動對焦。部分相機還提供一個方便的功能，叫做「live view」（「即時取景」），相機設為「手動」時，可將鏡頭捕捉到的亮星影像放大並對其聚焦。這是達成強聚焦最棒的方法，也最為可靠。

將相機瞄準較亮的星星，開啟live view功能（通常按鈕位於相機背面）。當你在觀景窗裡看見星星時，找到有「放大鏡」圖示的按鈕，然後按下。如此可將星星影像放大5倍。再按一下，星星放大10倍，甚至還可繼續放大。現在，慢慢旋轉鏡筒上的對焦環，聚焦出星星最細膩的面貌。你的鏡頭此時捕捉到了最清晰的衛星景象，以及夜空中的任何其他物體。

假如你的相機沒有live view功能也沒關係！你只需找出相機鏡頭的最遠聚焦設定「無限遠」（infinity）。舉凡衛星、星星、月球，乃至雲朵，都可透過infinity達成聚焦。你可先在白晝時對著天上雲朵自動對焦（如果月亮出現了，或可對著月亮），然後在鏡筒上找到一串數字最末尾有一個側躺的8的圖案。那就是infinity的符號。自動對焦時，對焦指標（focus indicator）應該已經很靠近這個側躺8的符號。你可用奇異筆在這位置做個記號，或將它記牢。以後，當你要拍攝太空站時，將鏡頭從自動模式切回到手動，再旋轉鏡頭讓聚焦指標線與你做的記號對齊。也許這些步驟讓你覺得麻煩，但只要你完成了校準工作，之後用起來會相當順手。

5.將相機裝上三腳架，鏡頭大致朝向國際太空站預計通過的方位。取景時試著納入一些樹木或建物，如此可豐富構圖並提供比對效果。但要保留足夠空間，畫面上要能看到衛星從一邊移動至另一邊。在最初幾次嘗試，你或許無法抓住全景，但是不用多久，你就能按照預期的衛星路徑，把相機調到妥當位置。

6.當國際太空站出現在觀景窗時，讓相機曝光15秒到1分鐘左右。有些相機的曝光時間最長只有30秒，那就只能捕捉到國際太空站的一小段軌跡。如果你的相機可以設定B快門，那麼當衛星開始進

入視野時，按住快門不放，一直等到它完全通過為止。注意要讓相機保持穩定，免得在曝光過程中出現晃動。為達最佳效果，可買條電子快門線來自動開啟快門。

如果要拍攝銥衛星閃光，先將相機對準閃光即將出現的位置，在見到銥衛星發光的第一時間，立刻按下快門。當天空很黑時，你可曝光1分鐘或更久，若是在破曉時的曙光中曝光超過15秒，照片就可能過度曝光了。你可試著將鏡頭光圈「縮到」f/4～f/4.5，ISO值維持在400。

7.拍下第一張後，先從相機觀景窗裡檢視成果。如發現需要變更曝光時間，調整之後繼續拍，然後再檢視效果，直到滿意為止。切記，只要確實掌握了對焦和曝光的技巧，拍攝行星和星座時的設定也大同小異。那些天體要到天黑才能拍攝，將ISO值調到800或更高，並測試一下找出最理想的曝光時間。可以試試f/2.8或f/4，ISO值在800～1600間，初學者先從30秒曝光開始。

▼ 拍攝夜空中天體最可靠的方法是使用相機的「即時取景」（live view）功能，並搭配內建的影像放大效果。兩者並用可讓你精確地完成人工對焦。照片提供者：鮑伯‧金恩

▲ 對焦到「無限遠」，可將所有天體都納入焦距內，操作方法是將對焦指標轉向鏡筒上側躺「8」的符號。數位相機出現以前，拍攝天上星星，只要把鏡頭設定成「無限遠」即可。現今多數相機的鏡頭在對焦後，指標並不會完全和側躺「8」符號對齊，因此你需要按照這裡教的方法找到真正的對焦位置。照片提供者：鮑伯·金恩

實用網站：

· 安卓手機指南針：https://play.google.com/store/apps/details?id=tntstudio.supercompass&hl=en
· Heavens Above提供的國際太空站及其他衛星預報：heavens-above.com
· Spaceweather flybys: spaceweather.com/flbys/
· 上網透過Satflare追蹤衛星及衛星閃光：satflare.com
· 自動寄送電子郵件通報國際太空站動態：spotthestation.nasa.gov/
· NASA國際太空站動態更新、照片及短片：nasa.gov/mission_pages/station/main/
· 哈伯太空望遠鏡：nasa.gov/mission_pages/hubble/main/index.html
· iPhone ISS Spotter app：itunes.apple.com/us/app/iss-spotter/id523486350?mt=8
· iPhone Skyview衛星導引：itunes.apple.com/us/app/skyview-satellite-guide-fid/id694309958?mt=8
· 安卓手機ISS Detector：play.google.com/store/apps/details?id=com.runar.issdetector&hl=en
　（上列app或隨時間而異動、更新或定期改善。請記得上網更新軟體。）

第二章
期待夜降

在本章，我們會了解眼睛是怎樣適應黑暗，以及如何為你的夜間探險做好準備，包括足夠的禦寒衣物、星圖，和替你指引方位、找到亮星與星座的手機app。我們也將學會善用線上氣象資源，預測晴朗夜晚的日子，找出住家附近適合觀星的夜空。

觀察練習：

· 製作（或購買）一支裝有紅色濾鏡的手電筒，在黑暗中閱讀星圖時將會用到（第29頁）。
· 上網查看氣象衛星圖及光害地圖，為自己找到清晰（並且夠黑）的夜空（第29、31、34頁）。
· 找一份免費的線上星圖，或透過手機app，研究如何在真實的星空下使用（第35頁）。
· 準備好鉛筆，把每個晚上的觀星觀察練習記錄在自己的天文日誌上（第38頁）。

夜間的視力

挑一個沒有月亮的晚上出門，你會發現自己似乎置身於深不可測的黑暗當中。在亮光下，我們能看清物體的細節與色彩，而一旦摸黑，就好像什麼都看不見了——剛開始確是如此。短短幾分鐘後，我們就可分辨出周遭景物，也看見天上最亮的一些星星。

我們的眼睛需要20～30分鐘，才能擺脫室內照明的影響，完全適應黑暗。當眼睛處於昏暗光線中或是在夜間，視網膜上一種稱為「視桿」（rods）的特殊感光細胞便會開始主導，為我們提供「夜視」的能力。但這種夜視又顯得凌亂無序。為了讓我們在黑暗中看得見，眼睛犧牲了「錐狀細胞」（cone cells）獨有的功能，以致無法偵測影像細節，並對顏色失去敏銳度。錐狀細胞主要是在白天或明亮的人造光下發揮功效。

現今人們行走於夜晚時，幾乎都會帶著某種照明用具。但如果給自己眼睛適應黑暗的機會，就會發現它們出乎意料的好用。

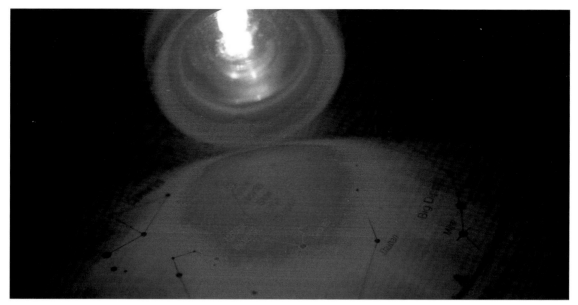

▲ 當你需要對照星圖來辨認行星和星座，這時使用發出紅光的手電筒或LED燈有助於維持得來不易的夜視力。相較於白光，我們的眼睛比較不受紅光刺激。照片提供者：鮑伯‧金恩

　　是否看得見較暗的星星，跟你的年紀有關係，因為眼睛裡帶有色彩的虹膜的中心位置，有道黑色開口，那就是瞳孔，它的大小會隨人的歲數發生變化。賦予我們眼睛顏色的「虹膜」，可以想像它是相機的光圈快門，能變大或縮小相機鏡頭的光圈，以便控制進入眼內的光線，適度地觸發感光元件做出正確的曝光。當光線較強，虹膜會收縮瞳孔，所以我們不致變瞎。光源不足時，它會張開或擴大瞳孔，使進光量達到最大。

　　隨著年齡增長，瞳孔無法再像年輕時張得那麼大；遇到明暗變化的反應也變得遲鈍。我們從童年到20幾歲這段期間，對黑暗的適應能力要比其他年齡階段來得快速且徹底，之後就開始逐漸下滑。所以孩子們所能看見的星星要比父母多，而父母們看見的星星又比祖父母多。雖然我們變老時，瞳孔無可避免會縮小，但我發現，人們觀看事物時，經驗及熟悉度也扮演關鍵角色。只要你定期看看天空，藉著辨識星座輪廓，磨練眼力，或不時梳理一下銀河的種種細微特徵，便能延緩老化。當你練就一副好視力，要好好保護，不要直視強光。有些業餘天文愛好者，為了保護他們用來看望遠鏡的「觀察之眼」，還會特地戴上一個海盜般的眼罩。大多數肉眼觀星者並不需要為此吹毛求疵、大費周章，但仍要照顧並保養好你的夜視能力，觀星時才能將眼睛的功能發揮到極致。

紅光或白光

　　身處黑暗當中，你會需要一點光線以免寸步難行，同時，在探索星空時，也需要靠著微光來閱讀星圖。通常，你的眼睛好不容易才適應了黑暗，但一瞄到手電筒發出的白光，立刻就得重頭來過。而紅光之下，眼睛的夜視力仍可維持。因為我們的眼睛看到紅光比較不受刺激，之後也恢復得較快。

觀察練習： 你可將一般手電筒的燈泡塗上紅色指甲油，自己做出觀星用的紅光，或是用買的。如果你從工具行的貨架上取下一支LED手電筒，請記得檢查它的亮度是否可以調整。有些LED手電筒的紅光太亮，那就跟白光沒兩樣了。如果找得到，最好買紅、白光兼具的款式。夜晚當你被樹叢裡發出的悶哼聲嚇得半死，你肯定需要切換成白光看個究竟。拿我自己舉例，多年來我不時會被夜暗中的不明聲響嚇到，照亮後，才發現是自己嚇自己，虛驚一場。

合宜舒適的觀星穿著，防範蚊蟲

　　或許大多時間你都在家裡觀星，不過有時你為了要把北方星辰看得更清楚些，或是想感受壯麗的夏夜銀河，你會跑到野外。當然，你需要帶上照明工具及備用品或額外的電池。也別忘了夏季必備的驅蚊劑。另外，合宜的衣物也很重要。即使在夏夜，天氣也會變得潮溼、寒涼，帶件外套包準沒錯。我喜歡把觀星和冰上釣魚相提並論。從事這兩種觀察練習，你都得一直或坐或站的在一個地方不動，身體很快就會變涼，所以要多穿點。而且在稍微冷一點的夜晚，我們的腳趾和手指特別脆弱。穿羊毛襪裡的靴子可讓雙腳保持溫暖，手中抓著暖暖包可避免手指受凍。如果將暖暖包塞在連指手套裡一起使用，保暖效果更佳，足可長達10小時。我的一些朋友會為每隻手準備兩個暖暖包——掌中握著一個，手背上再放一個。

　　最後，還有用鋰離子電池來發熱的手套、背心與夾克，在亞馬遜或坎培拉（Cabela's）購物網站都買得到。雖然不太便宜，但可能正是你所需要的。在你外出觀星時，應該盡可能讓自己感到舒適，如此才能盡情享受觀星之樂，才不會急著想要回到室內。

　　業餘天文愛好者常開玩笑說，一年之中可以舒舒服服觀星的日子寥寥無幾：春天的4月和5月，秋天的9月及10月。其他日子不是太冷，就是蚊蟲太多。蚊蟲多半出現在溫暖、潮溼的夜晚，所以乾燥、涼爽的夜晚較適合觀星。談到驅蟲劑，像是傳統的敵避胺類（DEET-based）到避卡蚋叮（picaridin）、市售品牌Cutter Advanced，乃至尤加利樹精油等，經過驗證，或多或少都有點效果。風向也有助於避開蚊蟲。我習慣帶著少量驅蟲劑，然後順其自然，心想秋天到來時，自會把蚊蟲收拾乾淨。

拿捏氣象資訊

　　到時候天空清不清楚呢？你在計畫觀星前總會想到這個問題。為了安排夜間觀星，你可先從當地的廣播電台、電視和報紙上的氣象預測中找到不錯的第一手消息。但現今網路上已可查到更多資訊和衛星空照圖，所以你幾乎已能自己預測氣象，至少能自行研判短期內的天候狀況。對初試身手的業餘天文愛好者來說，來去不定的雲層特別值得留意，尤其是各種天文盛事即將來臨之際，譬如流星雨、日食、月食，或極光。很多時候，一切按照計畫進行，天空清澈的預測也無誤，但是萬一有任何閃失，你便需要有個事先準備好的B計畫。

觀察練習： 說起客製化的天候預測，我所見過對觀星者最有用的工具之一，當屬阿帝拉・丹可（Attilla Danko）的天空晴朗表（Clear Sky Chart，cleardarksky.com/csk/）。你可瀏覽此網站，透過網頁互動查詢美國、加拿大及墨西哥部分地區數千個地點，結果會呈現在一張網格圖，上面告訴你該地點的雲層覆蓋率、天空清澈度、風向、溫度及溼度等估計值。譬如你點選美國的麻州，畫面隨即將該州69個地點的天空狀態以圖形方式列表呈現。

▲ 圖例中，ClearDarkSky網站顯現美國波士頓地區每小時的雲層覆蓋率、天空清澈度，以及天候狀況。它是預測雲層覆蓋較準確的網站之一，可幫你規劃觀星夜遊。照片提供者：ClearDarkSky，阿帝拉‧丹可

　　第一列顯示天空被雲覆蓋的比例，以色彩深淺表達，範圍可從白色（天空100%被雲層遮蔽）一直到深藍（天空100%清澈）。匯集於此的其他資訊還包括天空清澈度（表達天空清晰或模糊的程度）。儘管沒有任何一種預測萬無一失，不過丹可製作天空晴朗表所用的模型相當可靠，使它成為目前網路上最好的預測工具之一。畫面上每個小方塊裡還藏了更有趣的資料及圖象——用滑鼠游標點一下「雲層覆蓋」（Cloud Cover）列上的任一小方塊，便會彈出一張圖，上面展現系統所推斷、在你選定的時間，該地點的衛星空照圖。

　　我也會查看「靜止環境觀測衛星」（Geostationary Operational Environmental Satellite）圖象，夜間新聞的氣象預報人員會使用這些圖象，展現並模擬雲團及鋒面移動的動畫效果。一旦你曉得雲層出現的地點及大致走向，便可為夜間觀星做更好的安排，決定是否待在家裡，或展開一場偉大的遠行。對一般的行星或星座，你大可等到下一個天空清澈的夜晚再觀賞，若是重大天文事件，比方月全食，則機不可失，否則可能要再等上很久。

　　你可上GOES East網站（weather.msfc.nasa.gov/GOES/goeseastconus.html）查看整個美國大陸、中美洲及大部分加拿大地區的衛星圖，每15分鐘更新一次影像。若是西半部的美國或加拿大，以及夏威夷，則是上GOES West網站（weather.msfc.nasa.gov/GOES/goeswestconus.html）。

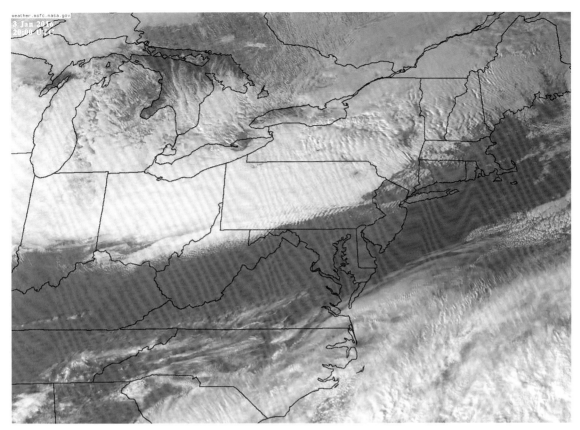

▲ 氣象觀測衛星是你的好幫手！它們在軌道上每15分鐘傳送一次新的照片，告訴你雲團及鋒面的最新動態，有利於判定觀星的時間與地點。照片提供者：美國國家海洋與大氣管理局（NOAA）／NASA

觀察練習： 任選一個前頁提到的網站，連上後，點選衛星空照圖上某個地區放大查看。若希望照片以最大尺寸、最高解析度呈現，將網頁上的「寬度」（width）及「高度」（height）欄位值分別設為1,400及1,000。這樣便會出現網格單位為1公里的全螢幕影像。每張影像的左上角都以世界時（Universal Time，又稱格林威治標準時間GMT）註記拍攝時間。GMT減5小時就是美國東岸標準時間；減6小時是美中標準時間CST；減7小時是山區標準時間MST；減8小時是太平洋標準時間PST。台灣時間則是GMT加8小時。台灣的讀者亦可上中央氣象局或accuweather.com網站查看台灣區衛星雲圖。

整天下來，你可隨時查看照片更新，留意雲朵隨時間移動的節奏。或是讓網站替你將30張（最多）最近的照片彙整成一部動畫，那麼你就有電影可欣賞了。有了最即時的照片、動畫，加上當地的氣象預報，你就擁有充分的資訊，足以決定該留在家中觀賞這次天文事件，還是該出門上路。

夜降時，只要點一下位於視窗上方的紅外線影像連結，仍能清楚看到雲層的分布情形。成功觀賞到一次難得天文事件的秘訣，在於事前規劃、留意天候，找到乾淨夜空，以及必要的話，激勵自己出門的意願。

黑暗夜空？黑暗夜空是啥？

讓我們面對現實吧。光害汙染已經嚴重妨礙我們多數人看的權利。如果你住在大城市或近郊，或是鄰近大型購物商場，那麼所看到的夜空已遭到嚴重破壞。仰視天空時，映入眼中的不是滿天星斗閃閃發亮，而是橙霧般的光影。你或許看得見月亮，甚至金星，但其他所有星星全都不見蹤影了。1994年加州北嶺大地震搗毀了洛杉磯的供電系統，入夜後當地居民紛紛打電話報警或打給當地天文台，詢問有關天上不可思議的閃爍光芒。一直以來，這些受驚的百姓還從

▼ 照片上是一些沒有妥善安裝遮罩的電燈，它們的亮光投向天空，壓過了星星和銀河，破壞了夜間美景，迫使尋找晴朗夜空的人不得不跑得更遠。只要關掉不必要的照明，舉手間就能改善問題。遊說你的市議會或鄉鎮管理當局，請他們制訂一條地方法令來管制光害，如此則更加有效。照片提供者：鮑伯‧金恩

沒機會見到天上繁星。

　　放眼望向全美所有城市，許多傳統「蛇頭」造型路燈都在1980到1990年代被外型別緻但無遮罩的鈉光燈取代。到了最近幾年，則是LED燈的天下，城市及近郊的夜色也從柔和橙黃漸漸變成冷漠淡藍。高效的LED燈能節省電費倒是無可厚非，但若不加上遮罩——安置於框形燈罩中，讓光亮集中於地面，避免向外、向上投射——炫目強光會向不需照明的方向散射，不僅照亮了天空，也讓星星為之失色。更糟的是，它們發出的光芒要比鈉光燈的橙黃更藍、更亮。還好，許多做為路燈的LED燈都裝有適當遮罩，但那些不當地裝在牆上的無罩式燈具，或「鹿角」式居家安全照明，所發出的光芒卻更加灼灼逼人。

　　也許你覺得無能為力，但千萬別這麼想！只要每個人都做出一點貢獻，自然就會看見成效。先從自己家裡開始，平時隨手關燈，或是改用行動感應式燈具。

　　想知道更多關於光害的事情，以及如何補救，這裡有個絕佳的網站值得一看：國際暗天協會（International Dark-Sky Association，darksky.org/）。美國許多熱愛星空的民眾紛紛組成團體，各自向他們的市議會建言，並宣揚聰明的用燈習慣及高效能燈具如何利人利己。

▼ 這是用索米國家極地軌道夥伴衛星（Suomi NPP satellite）在2012年4月及10月拍攝的影像所合成的照片，其中可見到美國、加拿大及北墨西哥的城市湧現密密麻麻的燈火。索米衛星運行在離地824公里高的軌道上。幾十年來，光害問題未曾停歇，隨著舊式、高耗能的燈具被更亮、更省電的LED燈所淘汰，光害已有愈演愈烈的趨勢。照片提供者：來自NASA羅伯特‧西蒙（Robert Simmon）的地球觀測影像；根據美國國家海洋與大氣管理局克里斯‧艾威茲（Chris　Elvidge）所提供的索米衛星觀測數據製作

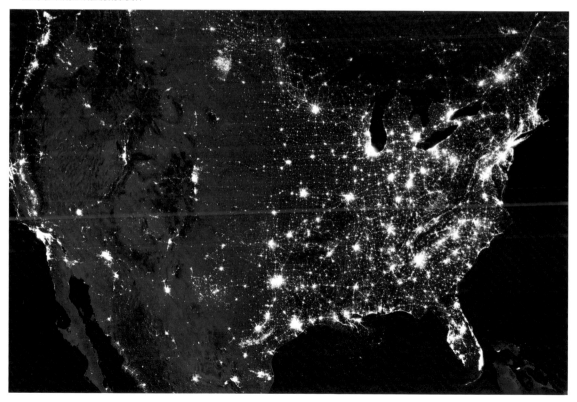

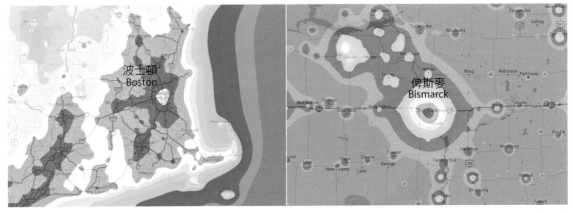

▲ 在DarkSiteFinder.com網站，你可點選你居住的城市並放大，光害情況會呈現在谷歌地圖上。紅、橙色代表你不想要的
高度光害；黑暗夜空是以藍、灰色調表達。藉由這張地圖指引，你可前往天空較暗的地點，好好欣賞銀河、較黯淡的
星座，或北方星光。圖例中特別讓你比較重度光害汙染的波士頓與黑暗星空唾手可得的北達科他州俾斯麥市。光害漸
層圖（Light Pollution Map Layer）來源：帕多瓦大學辛薩諾（P. Cinzano）、法爾基（F. Falchi），科羅拉多波德市美國
國家海洋與大氣管理局國家地球物理資料中心艾威茲。版權：英國皇家天文學會（RAS）。經布萊克威爾科學出版社
（Blackwell Science）授權後取材自《RAS月刊》（MNRAS）。

　　面對討厭的人造強光，有時我們只好開車去尋找較暗的天空。我家附近中型城市發出的橙
色強光便相當刺眼，覆滿了南方及西南的整片天空，打亂了我想仰望某些星星的念頭，比方原
本令人讚嘆的人馬座銀河就看不見了，那可是天際最壯觀的景象之一。在我迫切需要真正黑暗
天空的夜晚，大多時候我別無選擇，只能前往北方，把光害籠罩的城市天拱甩在身後。

　　幾年前，我在離家32公里範圍內的鄉間搜尋能夠避開光害的地方，發現了幾條人們不常走
的礫石小路和一些適合當作夜間觀星點的路邊空地。更妙的是，這些地點比我住家附近安靜多
了；不但享有毫無遮蔽的宇宙景觀，也令人心情平靜。

　　圖中色彩安排比照「波特爾暗空分類法」（Bortle Scale），此設計出自業餘天文愛好者
約翰‧波特爾（John Bortle），他曾在熱門天文雜誌《天空與望遠鏡》（Sky & Telescope，網
址：www.skyandtelescope.com/）刊登下頁所示的分類法。分類的第1級，毫無意外，是指地球上
可見的最暗夜空，到了第9級，除了月球、行星和幾個最亮的恆星外，其他天體全都模糊不清。

　　藉由此表，你可分辨夜空品質的好壞，而當你身處鄉間野店，回想城市天空，會更加珍惜
當前得來不易的黑暗。

　　觀察練習：不論你要觀賞極光，或像大家一樣，想不時擁抱滿天繁星，都可造訪DarkSiteFinder.
com網站，為自己找一片清澈星空。輸入你的城市名稱後，當地的光害情況會在谷歌地圖上以色彩
表達，讓你輕易了解該往哪個方向、走哪條路去找到黑暗的夜空，以及行車距離推估。兩個小技
巧：利用地圖右下角的＋／－符號工具來放大或縮小，另外別忘了經常按重新整理按鈕。如果忘了
做，某些地區的光害資訊可能不會顯現。

波特爾暗空分類法

- 第1級——優質黑夜觀星點。天空中明亮的人馬座和天蠍座映照成影,烘托出銀河系內最亮星域。可以肉眼目視許多叢集的星團和星系。
- 第2級——典型黑夜觀星點。襯映於夜空下的景物,輪廓模糊難辨。雲團彷彿散布天上的「暗孔」。夏季時分天上銀河結構完整而清晰。
- 第3級——野外夜空。地平線上出現少許光害,但夏季夜空裡的銀河看來仍是相當細膩。貼近地平線的雲層隱隱發光,但較上方的雲層則只見黑色輪廓。
- 第4級——野外/近郊接壤。從許多方向都能見到顯著光害所籠罩的都會天空。周遭即使稍遠一點的景物也清晰可辨。地平線上方高處的銀河仍頗為壯觀,但已無法看出細節。
- 第5級——近郊夜空。接近地平線的銀河非常黯淡,甚至看不見了,頭頂上方的銀河則非常稀疏。天上移動的雲朵明顯比夜空亮。
- 第6級——明亮近郊夜空。光害讓地平線上方35°內的天空發出灰白亮光。雲朵都非常亮。
- 第7級——近郊/城市接壤處。四周都有明亮光源。整個夜空呈亮灰色,已完全看不見銀河。
- 第8級——城市夜空。天空映出灰色或橙黃亮光,在夜色中也能閱讀。常見星座中的星星或模糊不清,或看不見。
- 第9級——市中心夜空。夜空極其明亮。除了少數最亮行星及月球,絕大天體都已消失。

星圖和Apps

你可以把觀星當作簡單的娛樂,細細品味蒼穹畫布上許多閃閃發亮的遙遠恆星、盤旋星系,以及那些乍隱乍現的行星,而吸收一些相關知識更可豐富我們所見所思,增添更多樂趣。我們大都知道北斗七星和獵戶座的腰帶,但天上可供觀賞的星座,可比一般人所知要多得多——星座共有88個,其中不少會隨著四季移動,在北半球的天空依序登場。為了追蹤這許多天體的移動、推斷獵戶座出現於東方的時序,或何時何地可觀看火星,你便需要用到星圖。

平面天體圖(Planispheres),又稱星座盤,自1600年代開始沿用至今,而且看樣子還會繼續存在很長一段時間,因為它比手機和電腦多了個重大優勢:不用充電。它是用兩張紙板或塑膠片互相嵌套而成,中間釘有轉軸。上面一層轉盤沿著邊緣刻有子午時刻,顯示星座出現的時段;下面一層轉盤邊緣則以各個月分的每一天做為刻度。

觀察練習:找個星座盤,轉動上層轉盤,將目前時間對應到下層轉盤上的月分日期,你便得到此刻的星空圖。你可將它轉到任何日期與時間,預測當年任何一天晚上外出所能見到的天象。雖然現今已有很棒的手機apps可用,我還是喜歡星座盤慧心巧手的簡潔質感。

使用時,請記得盤中的星圖窗口外緣代表環繞於你周身360°的地平線。星圖正中心是頭頂正上方的位置,稱為天頂。想要仰視南方天空,則面向南方,手中星盤上的南方要朝下。靠近星盤窗口邊緣的星座會出現在低空處,稍微抬頭,則可觀看介於窗口邊緣與中心之間的星座。現在,轉身面向東方的天空,同時讓手中星盤上的東方朝下。再轉身面北,手中星盤隨著轉動¼圈(讓它的北方朝下)⋯⋯沒錯,就是這麼用的!

▲ 想動手玩玩看的話，星座盤非常容易上手，只要把內、外兩個轉盤上的日期與時間輕鬆對齊，就可知道在某個白晝或夜晚的任何時辰，天上有哪些星座出現。特別是——免用電池！照片提供者：鮑伯‧金恩

　　你可在網路上或當地書店找到很不錯的星座盤。我個人推薦大衛‧錢德勒公司（David Chandler Company，www.davidchandler.com/）出版的星座盤，或Kenpress.com那張特大號、有40公分寬的「星座指引」（Guide to the Stars）。在亞馬遜或巴諾書店（Barnes and Noble）都買得到。錢德勒公司依緯度發行了不同版本的星座盤，你可從中挑選最合適的——按照你所居住位置在赤道以南或以北多遠決定，以度數為計算單位。稍後你會了解，你能看到哪些天體，取決於你所在的緯度位置。如果決定購買錢德勒版的星座盤，請先上Latlong.net網站（www.latlong.net/），找出你所在的確切緯度。

　　若你住在美國南部，應該買30°～40°版；住在北美、加拿大南部或歐洲，選擇40°～50°版。就使用便利性來說，大尺寸的「星座指引」星座盤頗受好評，並標有黃道圈（ecliptic circle），也就是地球的公轉路徑，有助於你找到正確觀星地點。

　　或許這個工具有個差強人意之處，因為它刻意忽略了太陽系的各大行星。猜得到原因嗎？有別於其他天體，行星周而復始地繞著太陽公轉，不斷地變換位置。我會在第七章專門談行星，進一步探討這些在太陽系內觀察練習的野生土雞。（第157頁）

　　亞伯蘭星空曆（Abrams Sky Calendar）也是我最喜歡的觀星輔助工具之一，看起來像月曆，每個月一張，上面列出一年之中所有可用肉眼看到、最有意思的天文事件。這份星空曆按季發行，每次寄給你三個月的星曆圖。把它用吸鐵貼在冰箱上，這樣就不會錯過任何即將到來的天文事件。另外，你可從「What's Out Tonight」（kenpress.com/）及「SkyMaps」（skymaps.com）兩個網站下載免費的星圖。

▲ 手機apps中有許多很棒的觀星工具，可用來找到行星、星座，和衛星，比方說國際太空站。不少都是免費的。只要舉起手機對著天空（或指向地面）就可曉得頭上或腳下的遙遠天際有些什麼。輕觸螢幕上某個天體，即可顯現更多相關資訊。
照片提供者：鮑伯‧金恩

　　市面上有不少PC版的觀星導引圖或天象儀類型的軟體，售價從30～300美元不等。Software Bisque公司的SkyX，還有Starry Night、Distant Suns等，都是世界知名的天文應用軟體。以滑鼠輕點螢幕，便可見到今夜天上星辰、行星、彗星——所有你想看的天體，並推演出明夜星空，更能縱橫於古往今來，模擬出千載以前乃至數千年後的天象。你可隨意將天體拉近、放遠，觀賞日、月食，追查衛星行蹤。這些軟體幾乎無所不能。

　　如果預算有限，可以下載免費軟體，功能不會差太多的。其中我最喜歡的是一套名為Stellarium（有譯為「星之元素」）的免費星圖軟體，可在微軟視窗及蘋果Mac作業系統上使用。你可從stellarium.org網站下載最新版本，安裝後，輸入你的位置，幾分鐘內便可知曉今夜天上有些什麼，或10,000年後的未來天象。互動式星圖上呈現各個行星、最亮的衛星、彗星，更不用說還有每個星座在穹蒼的位置。

　　手機上的觀星app更做到了極致的便利性，而且許多都免費。不論白天或晚上，我都能用iPhone上的Star Chart來了解現時天空中有哪些天體。只要將手機對著天空，該方位的星座，包括它們的神話造型，立即出現於螢幕上。對準其中特定一顆星星，手機還會顯示它的名字及相關資訊。有趣的是，許多人在使用這些app時，喜歡把手機對著地面，這樣就能曉得地球另一邊的人們此時看到哪些星體。這些觀星apps在操作上都非常簡單，亦提供保護夜間視力的紅光模式、行星資訊，並可透過擴充選項取得衛星追蹤及其他功能。

養成寫觀星日記的習慣

在你認識星空的過程裡，不妨準備一本日記。記錄自己的所見所聞不但有成就感，最後還能當作學習的工具。我從13歲開始寫觀星日記。那時我記下的內容可說相當繁雜，從夜空中發生的點點滴滴，到每日的最高及最低氣溫，也包括了與女孩第一次牽手的過程。如今，我的日記裡留下了手凍僵時寫的字跡、歷次極光場景、許多魂縈夢牽的夜空、數個行星連珠時的驚人奇景速寫，還記載了不少有趣的事件，比方有一回一名副警長開到我車旁停下，懷疑我在外頭埋藏屍體。（這是真實事件。當然不是掩埋屍體，不過副警長喋喋不休追問我為什麼把車停在一個鳥不生蛋的地方，後車廂裡還裝滿了器材。我邊壓抑著心中忐忑，一邊解釋自己只是到野外用望遠鏡觀察彗星和行星。後來他在我身旁逗留了25分鐘，迫不及待地挨著望遠鏡看，我則見證了他生平第一次看見土星時的欣喜。）

觀察練習： 我習慣用線圈裝訂的空白內頁筆記本，畫起圖來比較順手，不受橫線妨礙。有些人用電腦打字方式做記錄，「繪」圖則用影像處理軟體，譬如Photoshop。我的工具就簡單多了：鉛筆、橡皮擦，和指尖。當你描繪北極光所呈現的羽狀光柱，或想傳神表達肉眼觀察到的深空星體，就會發現指尖用來得心應手。不斷地記下並繪出每一次的觀星經驗，你的觀星技巧也會不斷精進，再次遇見喜愛的星座或追蹤月亮變化時，也將有更深的領悟。

讓自己隨興發揮。這只是本日記嘛。我總樂於將每晚觀星後的心得與感觸寫下——譬如與我的女兒一同觀賞流星雨時的感受，或是獵戶座於凜冬升起之際傳來狼嚎，背脊開始打哆嗦時的那股沁心涼。

此時，你能無視於文法與標點，想寫多少就寫多少。盡情抒發。若你未嘗寫過日記，那麼就在下一次星光滿天時敞開自己的心房吧。

實用網站：

· 國際暗天協會：darksky.org

· 北維吉尼亞天文俱樂部寒天保暖須知：www.novac.com/wp/blog/the-ironmans-tips-for-staying-comfort-able-while-observing-in-cold-weather/

· 亞馬遜網站Orion商家及www.telescope.com/Accessories/Flashlights/pc/3/50.uts販售的觀星用紅光LED手電筒

· 阿帝拉·丹可的天空晴朗表提供每小時更新的雲層動態預報及其他資訊：www.cleardarksky.com/csk/

· Clear Outside提供每小時更新的雲層動態預報及其他資訊：clearoutside.com/forecast/50.7/-3.52/

· 美國衛星雲層監測預報圖：www.weatherforyou.com/reports/index.php?forecast=pass&pass=sky-map&s=us

· 美國國家大氣研究中心（NCAR）夜間雲層觀測的即時氣象資料網站：weather.rap.ucar.edu/satellite

· 靜止環境觀測衛星（GOES）East site：weather.msfc.nasa.gov/GOES/goeseastconus.html

· 靜止環境觀測衛星（GOES）West site：weather.msfc.nasa.gov/GOES/goeswestconus.html

· 大衛·洛倫茨（David Lorenz）光害導覽圖：djlorenz.github.io/astronomy/lp2006/overlay/dark.html

· Kenpress.com的「星座指引」，或大衛·錢德勒公司的星座盤：www.davidchandler.com/

· 找出目前所在的經、緯度：Latlong.net

· 《天空與望遠鏡》雜誌：www.skyandtelescope.com/subscribe/

· 《天文學》雜誌（Astronomy）：www.astronomy.com/

· 至Skymaps.com下載免費星圖：http://skymaps.com

· 「What's Out Tonight」免費星圖：kenpress.com/

· 亞伯蘭星空曆：www.abramsplanetarium.org/SkyCalendar/index.html

· Stellarium（星之元素）提供Windows版及Mac版的免費觀星輔助軟體：http://www.stellarium.org

· iPhone手機Star Chart：免費（itunes.apple.com/us/app/star-chart/id345542655?mt=8）

· 安卓手機Star Chart：免費（play.google.com/store/apps/details?id=com.escapistgames.starchart）

· 另外，可在谷歌上以關鍵字「星圖」、「star chart apps」搜尋更多觀星軟體

當地球沿著軌道運行，我們看到的星座也不斷更替，就好比參加賽跑的選手，跑過操場一圈時會陸續看見不同加油者的面孔。假若沒人離場，接下來選手每跑一圈都會繼續看到同一批人。地球公轉「跑道」的圓周長為9億3,980萬公里。於是，我們所在的行星正以每秒30公里的速度衝刺，跑完一圈得花上一年。冬天入夜之後，我們迎面看見狩獵中的獵戶座、雙子座的雙胞胎和牛氣衝天的金牛座。開春時的晚上，我們眼前出現了威猛的獅子座、聖潔的室女座和聒噪的烏鴉座。到了秋天，又有飛馬座迎接我們，進入冬天，獵戶座再度現身。一年過去了，我們返回原點，繼續在這場沒完沒了的比賽中展開新的賽事。

地球公轉產生了星座的季節變遷，相較於地球自轉一周帶動繁星每日緊湊的盤旋，倒顯得悠閒自在。隨著不同星座家族依序登場，分別支配各個季節，我們觀察到天上星星緩緩游移更替。

一旦了解星座更替的現象，我們便能輕易回答大家常問的問題：為什麼只有冬天才看得到獵戶座？1月的傍晚時分，地球位於面對獵戶座的方向。4月時，我們已沿著軌道多運行了965萬公里，來到太空中不同方位，面向獅子座和巨蟹座。這時獵戶座還在，只是已經偏移至天空的西南方，不久後便要消失。轉眼來到6月，地球又跋涉了很長一段軌道距離，獵戶座則已移至與太陽一起下山的方位。你猜這時看不見獵戶座，是因為它現在只出現在白晝的天空？沒錯，你答對了！

要想再看到它，我們只能耐心等待地球運行至8月時的軌道位置，屆時獵戶座將於晨光微曦中隱約再現，等到11月，它就會被重新推升至夜空中。

我們總會不自覺地把星星連結到季節，這也是觀星的眾多樂事之一，正如我們會從季節聯想到各種奇禽異獸。每年8月的和煦夏夜，著名的「夏季大三角」星群（asterism）高高掛在南方天空，織女星是組成夏季大三角的主星之一。當織女星開始映入眼簾，代表春天已降臨。

我們對恆星及行星所做的季節或個人聯想，不僅形形色色，也各具意義。可以在東方夜空中看到室女座閃爍耀眼的亮星「角宿一」（Spica）時，也代表我們同時能欣賞到初春時綻放的花蕾。獵戶座則讓我們想到寒冷的冰柱，意味著冷冽嚴冬將至。

◄ 從長曝攝影中，可看到北極星似乎完全靜止，因為它就位於地球北極軸頂正上方。其他星星按其與北極星的遠近畫下了長短不一的星跡。星跡是地球日夜不停運轉造成的特效。照片右上角可見到一顆流星。照片提供者：鮑伯・金恩

雨傘靜止　　　　　　　　　　　　　　　轉動雨傘

▲ 用一把以傘柄代表北極軸線、快速旋轉的雨傘來模擬自轉中的地球。雨傘轉動時，可注意到北極星靜止不動，而傘身上的「群星」繞著軸線盤旋。照片提供者：鮑伯·金恩

觀察練習： 揣摩群星繞著北極星旋轉的景象，撐開一把雨傘，假想傘柄為地軸，張開的傘身內側則是北方夜空。再以傘心，即傘柄連接傘頂的地方，當作假想的北極星。可在雨傘內側周遭貼上幾小塊膠帶代表星星，如此可提高模擬效果。現在開始旋轉雨傘，看見了嗎？貼上去的群星正繞著靜止的北極星轉動。換作南方之星，南極星，道理亦同。

天空毫無保留地讓星友們看到自己的一切。

你已經明白地球的兩種運動──自轉和公轉──也就是讓天空看似不停旋轉的原理，現在來瞧瞧北極星這顆與眾不同的北方之星。我們回想一下地球的自轉軸，想像那是一條貫穿南、北兩極的直線。假設你從北極沿著軸線直奔太空，幾乎可不偏不倚地抵達北極星這顆位於小北斗中最亮的恆星。無論地球運行至軌道何處，地軸的指向始終不變，因此北極星永遠維持在天空相同的位置。地球自轉時，北極星看來幾乎始終位在北方天空極頂位置，北方天空的群星看似圍繞著它慢慢旋轉，彷彿舞者們圍著天頂篝火起舞。

觀察練習： 有過季節錯亂的經驗嗎？夏日傍晚，可以見到天上銀河、夏季大三角、蠍子狀的天蝎座，還有人馬座，隨著夜幕降臨而現身──它們都是與季節有所連結的天體。如果你到很晚還沒睡，會發現地球自轉慢慢將這些夏季星座推到西邊，天空的主角換成來自東方、嶄新閃亮的秋季星座。假如繼續待到拂曉，你甚至會看見獵戶座乍現於曙光微曦中，直到天光將它完全抹去。地球在白晝中繼續自轉。夜降時，夏季星光閃爍，10小時後，我們已轉至可見著初冬星象的方位，就好似從水晶球中窺探未來。

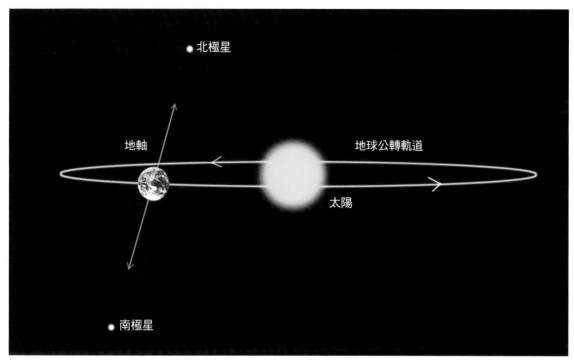

▲ 若將想像中的地軸延伸至太空中，北極軸線指向北方之星──北極星。南極軸線則指向南方之星，那是一顆在南向太空深處，舊稱「八分儀座」的南極座中的黯淡星體。圖片提供者：鮑伯・金恩

　　天上的星星愈靠近北極星，繞行的圈子愈小；而離得愈遠的星星，畫出的圓圈會愈大，當較遠處的星所畫的圓圈過大時，部分軌跡會被地平線遮去，造成星體落下與升起的視覺效果。我們將那些在北極星附近繞行、永遠不會碰到地平線的恆星或星座稱為「拱極星」，這些星星整晚都看得到。

　　北極星和你所在的緯度關係密切：它出現在天空中的高度視你所在的緯度而定。緯度是用來衡量目前位置處於赤道以南或以北多遠的地方，以度為單位，例如北極的緯度是+90°，赤道上為0°，南極則是-90°。明尼亞波利市剛好位在北緯45°，介於北極和赤道中間，因此當地市民永遠可在地平線到天頂的半空中看見北極星。假如有機會到北極旅行，你猜北極星會在什麼位置？沒錯──就在頭頂正上方。位於赤道時呢？你會看到它蟄伏於北邊地平線上。你可以把雨傘傾斜成各種角度來模擬不同緯度。然而，當你穿越赤道來到南半球，北極星便會沉沒到北邊地平線下，看不見了。

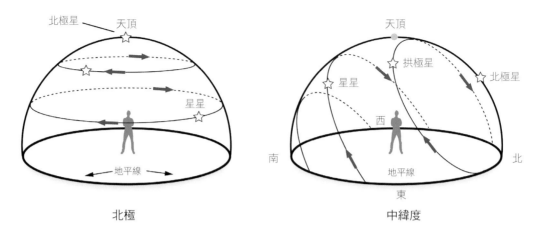

▲ 在北極觀星時（上圖左），北極星位於頭頂正上方，其他所有星星則是走在與地平線平行的軌道上，看不見星起星落——此時天上只見拱極星體。從中緯度地區觀星（上圖右），只有靠近北極星的星星呈現拱極狀態，其他星星繞行的軌道會被地平線裁斷，於是有星起與星落的現象。圖片提供者：鮑伯‧金恩

　　你好奇南極是否也有一顆南方之星？有的！它叫做南極星（Sigma Octantis），是舊稱「八分儀座」（一種航海儀器）的南極座中一顆黯淡星體，位於南極軸線上方。南半球的觀星者多半利用南十字座來找到這顆昏暗的星星。

　　你可在拱極區內見到哪些天體，同樣取決於所在的緯度。我們回顧可在北方半空中看見北極星的明尼亞波利市。以北極星為中點，在緯度45°的半徑內迴旋的星體和星座都是拱極星體，不會觸及地平線（星落）。對明尼亞波利市，以及大部分美國與加拿大地區而言，北斗七星和仙后座著名的「W」圖案出現的位置都在拱極區內。至於超過緯度45°範圍的星星，便會沉到地平線下，並各自需要花上不同時間，才能再度出現於天際。所以那些距離北極星很遠的星星，例如你在南方天空中所見到的，出現在天空的時間和消失的時間差不多一樣長。

　　朝北方走得更遠一點，來到加拿大極北之地，這時北極星的光芒映照自上方更高的天空。你可將雨傘向上擺正後再垂直往上下拉，體會此種感受。在較高的緯度區，會有更多星星出現拱極效應。當我們逼近北極點，北極星會在我們頭頂正上方發光，這時所有星星都位於拱極區內。此刻已見不到星起星落；所有星星都走在與地平線平行的圓形軌道上。

　　因為在極點看不到星起星落，觀星者一輩子都會看見相同的星星。儘管地球自轉和公轉造成群星流轉的視覺效果依舊，那兒卻永遠不會出現新的星座。於是，今夜的星空、明夜的星空，乃至次季、次年的星空，全都長得一模一樣。

　　還記得剛才提過，在我們前往赤道的假想旅途中，北極星會下沉到北方地平線下？假若住在北半球的你開車往南行駛，北極星連同圍拱著它的北方諸星便會在北方的天空中漸行漸低，猶如後視鏡裡你的老家離你愈來愈遠，直到無法看見。在此同時，南方地平線下那些本來你在老家完全看不見的星星，此時開始露臉，當你愈往南行，它們也爬得愈高。住在紐約（北緯

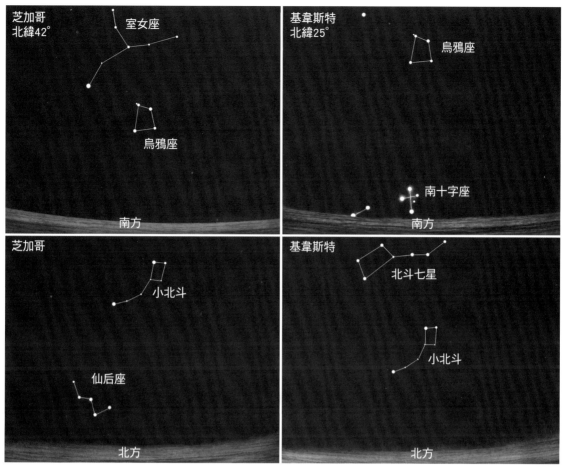

▲ 上面顯示5月下旬兩個不同地點的夜空，分別是伊利諾州的芝加哥和佛羅里達州的基韋斯特。左上圖中可見烏鴉座出現在芝加哥南方低空。右上圖呈現位於芝加哥以南17°的基韋斯特夜空，只見不僅烏鴉座已爬至較高處，南十字座也從南方地平線上浮現。下半部的兩幅圖片則分別是在兩地朝向北方，仙后座的「W」圖案可在芝加哥夜空中看見，但在基韋斯特則已低於北方地平線下，該地觀星者無法看到。圖示：鮑伯‧金恩；來源：Stellarium

40.7°）的讀者想看到南十字座嗎？可以在春天到佛羅里達的基韋斯特（Key West，北緯24.6°）旅行，入夜時朝古巴的方向眺望，微帶暖意的海灣夜空中有個狀似風箏的星座閃爍著。

　　當你繼續往南走，只見南方天空中的十字架也愈來愈高，而許多在北半球中緯度地區見不到的星座也紛紛出來迎接：遨遊天空的飛魚座、蒼蠅座和眾多其他星體，例如除了太陽以外、距離地球最近的恆星——半人馬座南門二（Alpha Centauri）。只要越過赤道，便可在南方地平線上看到南極星。

同一時間，你背後的北方諸星座正悄悄溜到北方天空更低的地方。在赤道位置，北極星完全看不見了，那些你所熟悉、一度屬於南方夜空的星座，已飛身越過天頂，進入北方天空。要看到它們，你必須轉過身，頓時間，你又會驚訝地發現它們全都上下顛倒。別懷疑：旅行讓你開闊視野、見識異國風情，不管是食物、人們或星星。如果你從沒見過南十字座也不用難過；澳洲人也沒見過北斗七星。北方人對南半球的天空感到陌生，其實澳洲人及南非人對北半球天空的感受也一樣。

你也可以選擇往北走，但假如你住在美國、加拿大和歐洲的中高緯度地區，你將不會在這趟旅行中看到新的星星。當你愈往北走，反而只會看見南方天空的星星逐一消失在南方地平線下。同時，你會發現北方天空中那些通常要等上一會兒才能看見的星星，這下起得都比往常早，也停留得比較久，就連北極星也攀得更高些了。為什麼呢？因為北極星比所有星星都更靠近北方；離開北地，北極星看起來高度下降了。繼續你的極北之旅，將有愈來愈多的拱極星體映入眼簾，到了你抵達北極時，每顆星星都呈現拱極。

如此這般，我們鞏固了理論基礎，而當你往東或往西旅行至不同經度位置，也會看到相同的天上星體，只是眾星升起和落下的時間有所改變。假設有兩位觀星者分別位於同樣緯度，但不同經度。拿同樣位在北緯39°的辛辛那提市和丹佛市來舉例。辛辛那提市的晚間10點，在丹佛市則為晚上8點。由於辛辛那提的觀星者比丹佛的觀星者提前2小時看見星空，也就會提早2

▼ 圖中標出幾個主要方位，方便你判斷天體的位置：抬頭正上方的頂點（天頂）、子午線、天體的仰角與方位角（又稱羅盤方位）。圖片來源：Starry Night

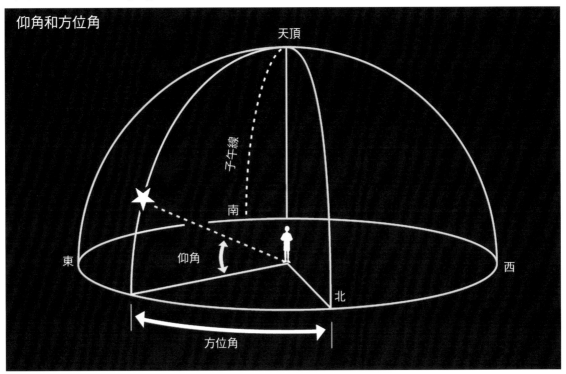

小時見到星星移轉至西邊。此時，丹佛的觀星者必須再等上2小時，讓地球自轉將星星帶到辛辛那提觀星者2小時前所看見的方位上。也就是說，誰也沒見到新的星體，而是同一批星星，它們會依你所在經度，隨著時間進入你的視野當中。

結論是，地球由西向東自轉使得夜空中的星星看似由東往西移動。再加上地球繞行太陽的公轉運動，星星的位置也隨季節而改變。最後，地球軸線傾斜的角度使北極星（以及地球另一邊與其對應的南極星）成為天空中的「樞軸點」，天上群星看起來好像繞著它旋轉。現在，你完全搞懂了。

當你養成觀看夜空的習慣，掌握基本方向與距離將有助確認方位。一個天體跨越子午線時，便來到它在天空中的最高仰角。子午線指的是始於正南方地平線、接著向上通過天頂，然後劃向正北方地平線的假想線。星星自低空展開它的夜行路徑，上行至與子午線的交叉點時到達最高位置，再慢慢往西落下。拱極星會通過子午線2次：一次是當它到達最高仰角時，看來高於北極星，第二次是從北極星下方掠過，這時則是它在天空最低的位置。

當我們知道羅盤上所標示的方位角以北方為0°、南方為180°，也等於順便學會了量測天體大小和天體間距離的方法。按此法，月球和太陽的寬度都是0.5°，如此也說明月球剛好可將太陽遮住，形成日全食的道理。假如將手臂向上伸直，比出小指時可蓋住天空中的1°，或2個滿月。在肉眼可辨的金星合眉月出現時，2個星體的間距約為1°～5°。

▼ 手是觀測天體時最方便的工具，在牽星法（star-hopping）中，便是用手從參考星座逐步比向目標星座。手臂伸直後，豎起的小指在天空中寬約1°（等同2個相連的滿月），手臂伸直後握緊拳頭寬約10°，大致相當北斗七星勺子的寬度。照片來源：Starry Night

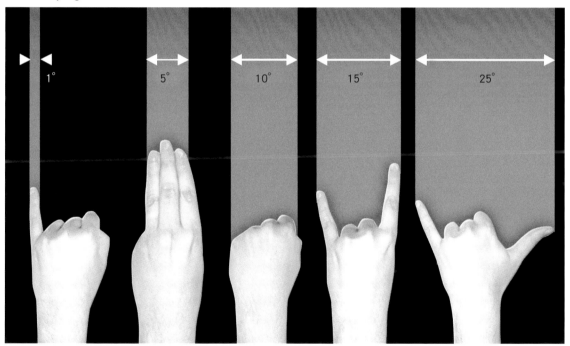

第四章

細看北斗

我們首先涉獵稍許星座的歷史典故，繼而會與大熊座，以及另外幾個和它旗鼓相當的要角見面，包括仙后座、仙王座及天龍座。在本章你會了解何謂光年、衡量星體亮度的星等（magnitude scale），並學會如何區分行星與恆星。

觀察練習：

- 找出北斗七星（第58頁）、小北斗（第60頁）、北極星（第62頁），還有仙后座的「W」造型（第63頁）。
- 找出少衛增八Ab（Gamma Cephei and Gamma Cephei B），它是比太陽大上1,650倍的恆星（第65頁）。
- 考考自己的眼力，試著辨識出天龍座的菱形龍頭（第67頁）。

　　從本章開始到後續各章節，我會把書中提及星座的辨識難易程度分成1～5級，最亮、最容易看見的屬第1級，而第5級則是最黯淡、頗具挑戰性的星座。我們先找到容易發現的星座，並把它們當作尋得較暗星群的參考點。參考星圖時，那些大一點的「圓點」代表比較明亮的星星，暗星則以小點標示。

大熊座

最佳觀賞季節：1月～8月。難易級別：1

　　若要一位北半球居民回答他認為最顯眼的星座，多半會是北斗七星。其次是獵戶座。其餘星座則排在後頭。你在夜空中指出北斗七星時，幾乎所有人不是已經見過它，就是很快就能認出它來。觀星者倒不介意多看它幾眼。北斗七星是位在中高緯度拱極區或接近此區上空的星星，所以北半球居民一年到頭每天晚上的某個時段都看得到它。不過絕大多數人卻不曉得：北斗七星並非星座。天文學家將它視為「星群」（asterism），也就是能排列出明亮、易於辨認的造型的一些星體。從圍繞北斗七星四周的熊頭、熊腿及爪掌依稀可看出一個更大的身形，那是一隻大熊，也就是大熊座。

▲ 北斗七星是個容易辨認的星群，而且是大熊座構圖的一部分。在中高緯度地區觀測時，會發現它出現於拱極區內，一年到頭每晚都看得見。照片提供者：鮑伯‧金恩

　　北半球和南半球夜空中受到國際認可的星座共有88個，大熊座是其中一員。星座絕大多數是由天空中分屬不同體系、但彼此靠得較近的星星在因緣際會之下排列而成的圖案。它們與地球的距離各不相同，但全都位於遙不可及的太空深處，以致看起來像紙上相連的許多點，就像處在一個二維的平面上。若我們能夠搭乘火箭深入太空，從不同方位審視星座的組成星，將會看到完全不同的樣貌。

　　88個星座中有48個最早源自巴比倫時代，再經過古希臘及羅馬人，一路流傳至今。這些帝國滅亡後，阿拉伯人延續了這些天象圖案，並增添與命名新的星群。到了近代歐洲，在15世紀初至17世紀的地理大發現時代，水手和天文學家在南半球看到了「前所未見的星空」，於是勾勒出許多新的星座，例如形似孔雀的孔雀座，以及長得像金魚的劍魚座。而天文學家與天體製圖師更在原有的這些明亮而古老的舊星座間，創造了更多新的星座。其中有些是以奇特的動物或地名來命名；有的名稱則為了讚揚一些當時的先進發明。比方說，用以紀念化學爐具的天爐座，以及象徵天文望遠鏡的望遠鏡座。

　　新增的這些星座，後來有些被刪除了，有些則留存了下來。青蛙座、夜梟座和烏龜座等從未受到廣泛認可，因此很快便遭到淘汰。直到今天，我仍對這些消逝的星座情有獨鍾——我很想拿掉唧筒座，好讓夜梟座重新在眾星之間露臉。每個星座背後都藏著故事。最初的48個星座紀念著不少古代神祇、英雄和重要動物。黃道十二宮當中就有8個星座是動物或半人半獸。黃道（zodiac）的英文字根和動物園的zoo相同，意思是「動物圈」（circle of animals）。

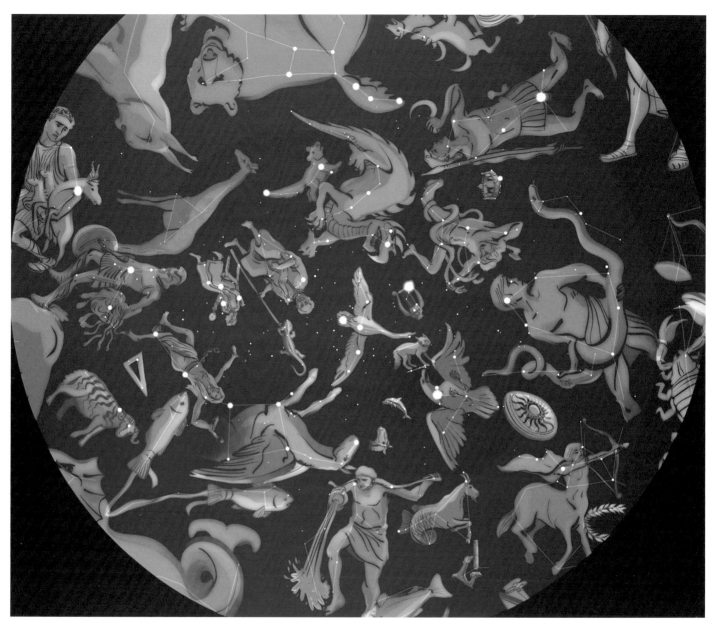

▲ 國際認可的星座共有88個。其中48個在古希臘時代便已廣為人知，所象徵的人物及動物反映出它們在希臘和更早期神話中的淵源。16～17世紀時，歐洲天文學家和天體製圖師增加了許多新的星座。圖片來源：Stellarium

據我所知，人們對於星座最大的不滿，就是它們看來根本名不副實。原因有二。首先，光害讓我們看不見某些稍顯黯淡的組成星，使得星座看來不大寫實。大熊座就是很好的例子。僅憑北斗七星的7顆亮星完全看不出一隻熊，但是當你連同周遭暗星一體視之，便可看出箇中玄妙。古人終其一生都享有黑暗的夜晚，他們看著星空，以線條連結將星群解讀成圖。他們當時已就手邊資源盡了最大努力，剩餘的空白只能用想像力加以填補，這便是第二個原因。

有人說，某些星座看來栩栩如繪，恰如其名：天龍座的龍形、海豚座的海豚，和天蠍座裡的蠍子紛紛浮現眼前。但也有一些星座就只能盡力想像了，比方說形似盛水器皿的寶瓶座，或長得像公羊的白羊座。有機會看到大熊座的全貌時──熊腿、足趾分明的腳爪，還有充當尾巴的勺子──確實能讓人聯想到一隻熊，而且還是隻個頭相當大的熊。而大熊座是天上第三大的星座。

▼ 地球繞太陽公轉時，所有星座則隨著四季變換位置，那些靠近北極星的星座也不例外。冬天時，北斗七星的斗柄朝下豎立在東北方的天空中。春天時幾乎就在頭頂正上方；到了夏天，它的星群移轉至西北方的天空。進入秋天，這隻大熊則盤踞在北方天空低處的樹梢頂端。勺口末端的「指極星」永遠對準北極星。圖示：鮑伯・金恩；來源：Stellarium

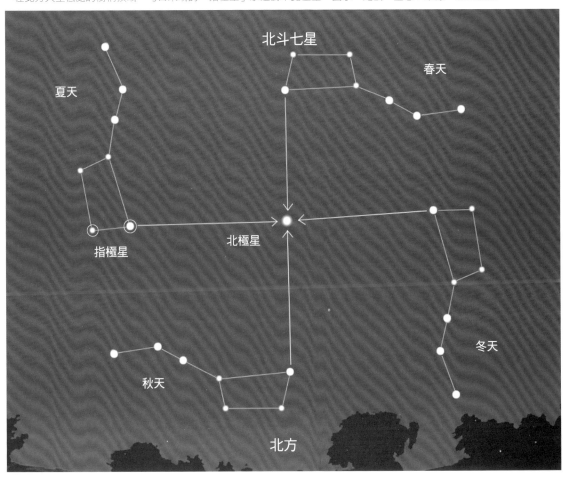

北斗七星

春天

夏天

指極星

北極星

冬天

秋天

北方

觀察練習： 身為拱極星群的北斗七星不分晝夜地繞著北極星旋轉。冬天時，它斗柄朝下，在東北方約2～3個拳頭高的天空中「尾頂著地」，彷彿剛結束北方低空的秋季「蟄伏」，急著重返天際。假如你漏夜檢視北斗七星的位置，便可發現地球自轉會把它愈「舉」愈高，並在凌晨時分到達頭頂上方，隨後在黎明前向西沉落。當然，你也能透過另一種方式看到北斗七星移轉。地球日以繼夜地繞太陽公轉，一週又一週、漸進地推升北斗七星。每年4月的夜晚，大熊幾乎就在頭頂正上方。8月時，它盤旋至西北方，盤踞在3～4個拳頭高的低空。當樹葉泛紅掉落，大熊座沿著北方地平線徐徐返回巢穴。在這令人雀躍的周期循環中，我們有許多機會見到熊先生的全貌。

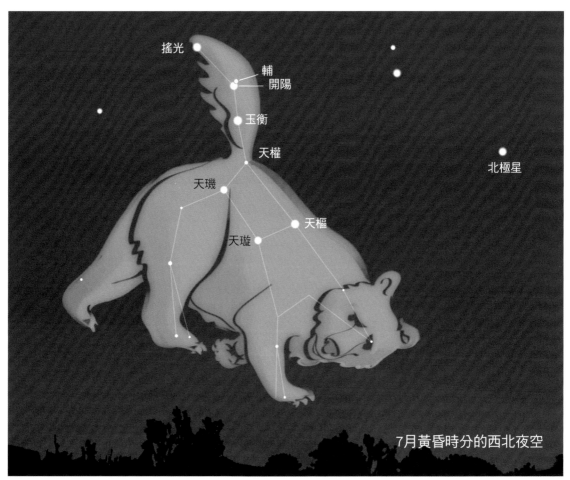

7月黃昏時分的西北夜空

▲ 較亮的「開陽」及其伴星「輔」，位在斗柄彎曲處附近，是一對可用肉眼觀察的雙星。如果你的視力不錯，應該能夠分辨出2顆星。若不行的話，你或許該配副眼鏡。圖示：鮑伯·金恩；來源：Stellarium

開陽與輔

最佳觀賞季節：3月～4月。難易級別：3

　　一如天空中許多明亮星體，北斗七星的每顆星都有體面的名字。大多數星體的名稱都取自阿拉伯文記述（各種謬誤也由此而起）；北斗七星諸星的命名也是如此。比方說位於斗柄彎曲處的開陽（Mizarr），在阿拉伯文中意指「鼠蹊」（groin）。如果看得夠仔細，會發現開陽旁依偎著一顆稍暗的伴星「輔」（Alcor）。這2顆星組成了真實雙星，彼此間靠重力相互牽引、相互繞行。

　　開陽與輔也有「馬與騎士」之稱，此名稱源自另一段阿拉伯星星傳說，可說是對其外觀的生動描繪。自古以來，人們便習於用這對星體測試眼力。拉丁文裡有句關於輔的中古時代諺語「看見了輔，卻看不清滿月」，意指一個人好高騖遠，錯失眼前機會。

▼ 由於星體超乎想像得遙遠，天文學家表達距離時使用的度量單位並非英里／公里，而是光年。光年是一道光走上1年的距離，光的速度為每秒約30萬公里。1年有31,536,000秒，所以1光年幾乎接近約9.65兆公里！圖片提供者：鮑伯‧金恩，影像取自NASA／歐洲太空總署（ESA）

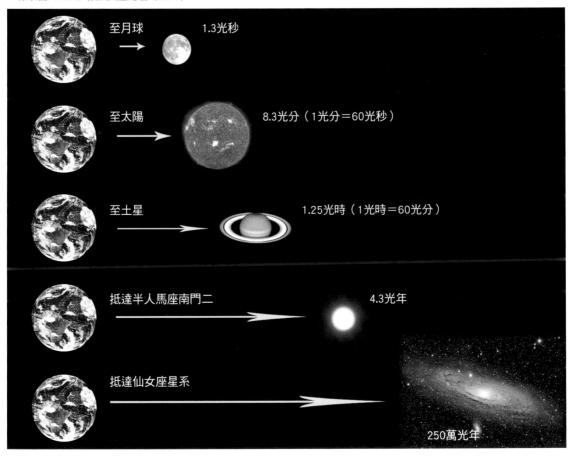

至月球　　1.3光秒

至太陽　　8.3光分（1光分＝60光秒）

至土星　　1.25光時（1光時＝60光分）

抵達半人馬座南門二　　4.3光年

抵達仙女座星系　　250萬光年

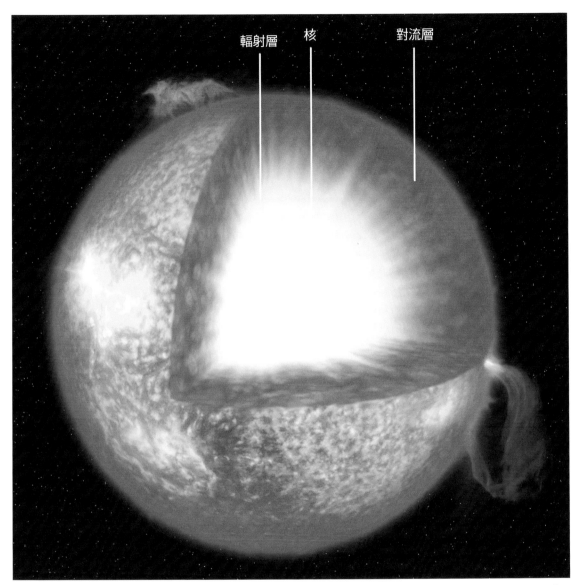

輻射層　核　對流層

▲ 如同我們從夜空中看到的任何星星，太陽是由一團熾熱燃燒的氫氧組成的巨大火球。太陽核的溫度高達攝氏16,666,000°，核融合產生的能量向外輻射，穿過輻射層、對流層，等到抵達表面時，已過了數萬年。行星、月球及彗星受陽光映照後反射光芒，才能被我們看見，太陽的熱力也讓地球成為適合生存的環境。照片來源：ESO

　　地球自轉軸會發生周期性搖擺，這種彷彿從轉軸頂端慢慢減速的現象稱為「歲差」（precession）。一個完整的搖擺周期大約為26,000年。過程中，如手指般指著北極星的地軸會隨著搖擺緩緩移動，因此跟著改變方向。今日，地球自轉軸的北極頂點幾乎不偏不倚地對準北極星，然而在大約西元前3900～1900年這段期間，它是指向天龍座的右樞。

西元前1900年後，最接近北極的亮星是小熊座的北極二，接下來到了西元500年左右才變成今天的北極星。自北極星接掌寶座後，地球自轉軸持續向它校正，現在它的位置和北天極頂已不到1°之差。根據推算，北極星在2015年進入了小於0.5°的範圍內（一個滿月的直徑），在這之後，地球自轉軸開始慢慢朝著仙王座的少衛增八擺盪而去，也就是我們稍早提過的那顆恆星。地軸會繼續繞著大圓擺盪，完成一次26,000年的周期，預計在西元20300年重新指向右樞。這種頂端搖擺現象，乃是太陽和月球的重力作用在地球赤道隆起處所產生的扭力拉扯效應。地球並非完美的球體，赤道的直徑要比兩極的直徑稍寬，因此太陽與月球對地球隆起部分的引力導致自轉軸進動（precess），或稱迴旋（gyrate）。

多看幾眼北極星，它正隨著歲差慢慢移位，下次要在目前的位置看見它，可要等到西元28000年。

熾熱氣體點燃的火球

我們已經見過幾顆恆星，現在了解一下它們和行星的差異，將有助於拓展視野。恆星是熾熱氣體燃燒成的火球，成分幾乎全是因重力而聚集的氫和氦。恆星炙熱無比的核心，燃燒的高溫可達數百萬度，氫原子相互作用下會融合成另一種元素——氦。過程中會向外釋放能量，作用類似氫彈的核融合反應。但有別於氫彈，太陽並不會炸開，因為上層氣體驚人的重量會牴銷爆炸的能量。另一方面，核心散發能量產生的高溫與壓力抗拒著重力擠壓，使得太陽不致塌陷。藉由熱力與重力間的平衡，每顆恆星才得以存在。太陽核心進行的核融合反應可將7億噸氫燃燒成氦，其中有440萬噸會轉換成純粹的能量。這還只是一秒鐘的產量！太陽還存有充足的燃料，夠它再燃燒40億年。一些小恆星節儉地燒著自己的核燃料，壽命長得令人震驚，而有些超巨星很快便把氫和氦耗盡，大約1,000萬年左右就會發生超新星爆炸（supernova）而燃燒殆盡。

假如我們能透視一顆恆星的核心，裡頭應該是黑壓壓的，因為它所產生的能量都不在人類可見的光譜內。首先是伽瑪射線。當這種高強度的短光波自核心向外傳遞，便會釋出能量，接著轉換成X射線、紫外線，最後在抵達地球表面時，成為可見光和熱能。據推算，在一個炎夏午后，你背上所照到的陽光或許是100萬年前從太陽核心出發的。

我們的太陽是一顆體型中等的恆星，直徑140萬公里，表面溫度約為攝氏5,500°。恆星大小更不相同，小的有城市般大小的神奇中子星，最大的則有比太陽還大1,000倍的紅超巨星。儘管眾多恆星穩定地燃燒，自體發光、發熱，但除了太陽，全都離我們太遠，即使以最大的天文望遠鏡來看，也只是一堆會發亮的光點。話說回來，行星就無法自體發光了——它們不靠燃燒來發光發熱——而且通常會繞著恆星公轉。

實用網站：

· 奧傑布瓦（Ojibwe）原住民星表與星座圖：web.stcloudstate.edu/aslee/OJIBWEMAP/home.html
· 星座歷史：modernconstellations.com/constellationhistory.html
· 星星哪裡來？：science.nasa.gov/astrophysics/focus-areas/how-do-stars-form-and-evolve/

第五章

四季星光

在這場星空之旅中，我們將走過四季，認識天上最亮的星座與星群，並學會如何找出肉眼可辨的雙星、星團、星雲，以及你能看到的最遠天體——仙女座星系。這些夜空中的珠寶，有的很容易辨認，有的則會激起人們非找到它們不可的欲望。

觀察練習：

春天：

· 查閱當季星圖或使用手機app，在下個晴朗夜晚來臨時到戶外觀星，找到一個明亮的星座、星群或有趣的星體（第71頁）。

· 從獅子座的尾巴找出獅子全貌（第73頁），體驗動人的「月球掩星」美景（lunar occulation，第74頁），從獅子座軒轅十四（Regulus）遊走至雲霧般的蜂巢星團（Beehive Cluster，第76頁），掃尋天空中的牧夫座（Bootes，第78頁），鎖定室女座之杯（Virgo's Cup，第79頁）。

夏天：

· 挑戰自我，找出蝴蝶星團（第84頁），還有織女星的雙星結構（第89頁）。

· 欣賞星雲之美（第89頁），眺望北十字星（第91頁）。

秋天：

· 找到天津四，看看能否再找出海豚座（第94頁）、秋季四邊形（Great Square，第95頁）、南魚座主星北落師門（Formalhaut，第96頁）、摩羯座的牛宿二（Algedi）與牛宿一（Dabin，第97頁）；迎向飛馬座與南魚座（Piscis Austrinus）之間的星群（第97頁）。

· 探訪白羊座及其主星婁宿三（Hamal，第98頁），發現仙女座星系（第99頁）。

冬天：

· 尋找金牛座的昴宿二（Taygeta）、昴宿增十二（Pleione）、昴宿七（Atlas，第104頁），和畢宿星團（Hyades，第105頁），還有金牛座 θ 雙星（Theta，第106頁）、天狼星（第112頁）、獵戶座及其主星參宿四（第115頁），外加環繞參宿四的六邊形（第118頁），最後踏上大熊座的蹄印（hoof prints，第120頁）。

· 練習用線上工具計算英仙座大陵五光度極暗的時間點（第111頁）。

我們即將見到閃爍蒼穹中更多的成員，準備好了嗎？我在此為中高緯度地區附近的觀星者挑選的組合，都是些最容易觀測且具有有趣歷史的星座。觀星老手或許會發現，我在星圖上省略了幾組較暗的天體，特別是從未升至地平線上較高處的那些。我這麼做是為了讓初學者在辨識基礎星座時較容易上手。

星圖的使用方法和第二章描述的星盤或星座盤用法大同小異。星圖周邊的圓形代表環繞你360°的地平線。星圖的中心點代表你頭頂正上方的「天頂」。

我將星座按照一年四季分成四組，從春天開始。考慮到星星的位置隨著地球每日自轉和每年繞日公轉而時時變動，我所描繪的天體位置、樣貌，是選在各個季節中期，也就是在入春、入夏、入秋或入冬一個月後的夜晚，當暮光褪去、天色全黑之際，所呈現的星空。此外，觀賞的時間以a.m.與p.m.表示。a.m.指的是午夜12點至中午12點；p.m.則是中午12點至午夜12點。

星座在地平線上的高度或仰角，取決於觀星者所在的緯度。星圖及所描述內容是按身處北緯40°的位置繪製，你可以假想有條東西走向的線條一路劃過美國中部、歐洲南部、中國華中，和日本。如果你住在美國北部或北歐，你眼中的南方天體，比起美南地區所看到的，會比較接近地平線。靠近北方的人所能看到的北拱極星座景色較佳，多少算是補償。南方的人則可在天空較高位置看見南方天空的星體，更可見到偏北地區所看不到的星星。

最適合搜索星座的夜晚，是月亮隱蔽、低掛於天空，或未達半弦月之時。月光太強會遮蔽大部分星體，只能看到少數亮星，讓人很難勾勒出星座的輪廓。但也有人說，對初學者而言，適度月光可以藏住那些容易令人混淆的暗星，辨識星座時比較省事。眉月或半弦月時，觀星的效果最佳。若是觀賞銀河，最好還是在沒有月光的夜晚。

觀察練習：帶上一份本季星圖，到戶外走走。看看南方天空中有些什麼，這時你面朝南方，並讓手中星圖上的南方朝下。星圖上接近圓圈底部的星座這時會出現在低空中，稍微仰頭即可看到位於星圖圓心和底部中間的星座，離圓心較近的星座則在你頭頂正上方的高空中。

身體向右轉90°面向西方天空，手中星圖朝順時鐘方向旋轉90°，讓星圖上的西方朝下。一面對照星圖上連結成星座輪廓的點點，一面找出天空中真實的星座。再轉身面向北方，同時讓星圖的北方朝下。接著再往東方如法炮製，你便完成了一次全方位觀星。

春季星空

描繪時間為3月下旬11:30 p.m.、4月下旬9:00～10:00 p.m.，和5月中旬9:30 p.m.

我住在一個冬季漫長的地方。開春時融雪帶來滿地泥濘，但日漸強烈的陽光卻也驅走了凜冬冰雪時的刺骨嚴寒。遠處的小溪與河流間，初春雨水伴隨著融雪湍急流淌，徹夜可聞。春天總能讓人精神抖擻，心情也開朗起來。還有一件事包準沒錯——在蚊子尚未來犯之前，氣溫和煦的夜晚最能盡情觀星。

4月中旬，可以看到冬季星斗開始撤離天際，如同捲動的包裝紙般被地球永恆的公轉運動拉向西方。日落時間延後，暮色時分則變長了。若再加上「日光節約」的時間，在9:00 p.m.前黑夜都不會降臨。

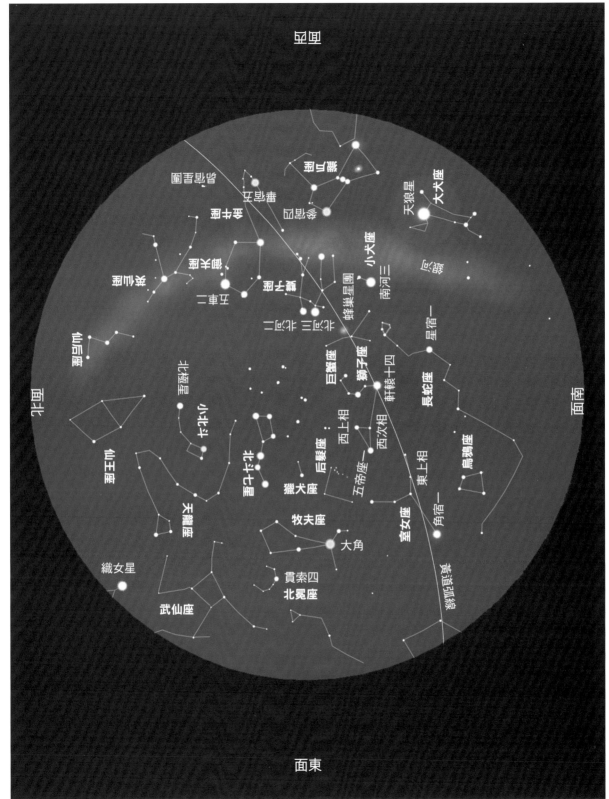

▲ 上圖為4月下旬在中高緯度地區標準時間9:30 p.m.所看到的星空。獅子座位在南方天空子午線附近，北斗七星高高疊立其上。圖中可見冬季星座紛紛移至西方行將落下；接著春季星座將從東方天空登場，與圖中相同的星座分布也可在3月初在3月初在3月中旬下旬的星座分布也可在3月初在3月初在2:00 a.m.，及11月下旬黎明前夕看見。圖片提供者：鮑伯・金恩。來源：Stellarium

你最先看到的一群星星（除了那些明亮的行星）必有閃閃發光、彷若西南天空中的白鑽的天狼星（Sirius）。天狼星是大犬座的主星。狗頭正上方2.5個拳頭的地方有顆較暗的星，是小犬座的南河三（Procyon）。一大一小兩隻狗隨著當獵人的獵戶座，追逐著金牛座，以及那勺子形狀、眾人鍾愛的昴宿星團（Pleiades），別名「七姊妹星團」。轉身朝向西北，在天頂與地平線的中間有另一顆閃爍的亮星。那是五車二（Capella），是五角形馬車手、御夫座的主星。距離五角形左邊2個拳頭，你會發現雙子座中的雙胞胎，北河二（Castor）和北河三（Pollux）。這兩顆亮星連起的線條幾乎與西方地平線平行，細長的四肢懸垂於下方。

上述都是即將離場的冬季群星。當4月過去來到5月，它們會移向西邊，將天幕讓給春季群星。我們談到冬季星空時再來深入探討。

接下來，我們在春季末的本地時間9:30 p.m.左右仰望南方天空高處。從地平線往天頂移動至三分之二的高度，可看到獅子座的最亮星軒轅十四。這個形似「反向問號」的星座亦有「鐮形星群」之稱，是個以收割穀物、有著彎曲刀鋒的農具來取名的星群。不管它像問號還是鐮刀，它彎曲的線條象徵著獅頭。

觀察練習： 要找到獅子尾巴，握起拳頭伸向天空，距軒轅十四左邊1.5個拳頭是3星等的西次相（Chertan）。西次相與正北方位的西上相（Zosma）與東邊（左手邊）的五帝座一（Denebola）畫出一個三角形，這便是獅子的後臀與尾巴。從三角形拉條線連到軒轅十四，你大概就能想像出一頭俯臥的獅子。

獅子座（難易級別2）是黃道星座裡最亮、最容易找到的星座之一。稍早我們討論到，月球與眾行星和太陽都順著黃道奔馳，沿途行經十二宮。如果這次你沒能在獅子座旁找到任何行星，總有一天也會找到。它們遲早會來拜訪獅子座。

黃道幾乎是從軒轅十四南邊擦身而過，所以行星經過時，通常會與它形成「合」（conjunction）的景象。視覺上看起來較大的月球，有時會直接掠過軒轅十四，並讓它從視線中消失，此現象稱為「月球掩星」。軒轅十四看來僅光點般大小，一旦被月球邊緣蓋到就會瞬間消失。這樣的景象雖然令人驚訝，但在沒有大氣層的世界卻是理所當然。假如月球上有大量空氣，軒轅十四掩入前應該會從明亮漸漸變暗。當行星從月球的另一端出現時，「月球掩星」的景象便結束了。月球掩星時間短則幾分鐘，長可超過1小時，端看交錯時軒轅十四是被月球的邊緣或中心遮掩。

月球掩星也會發生在室女座的角宿一、天蝎座的心宿二（Antares），和金牛座的畢宿五（Aldebaran）。你可上國際掩星協會（International Occultation Timing Association）的網站取得完整預報資料（www.lunar-occultations.com/iota/bsTar/bsTar.htm）。

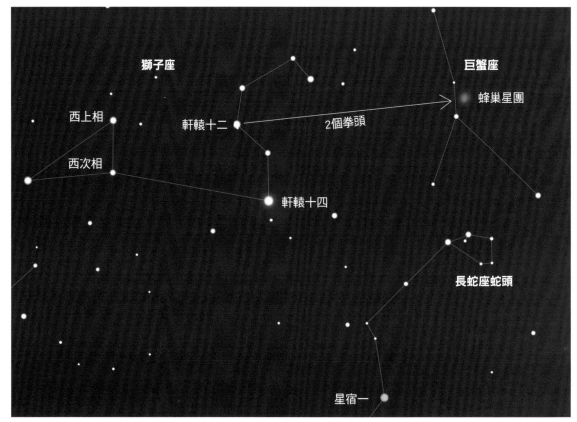

獅子座

西上相

西次相

軒轅十二

2個拳頭

軒轅十四

巨蟹座

蜂巢星團

長蛇座蛇頭

星宿一

▲ 想找到獅子座，先面向南方，從鐮刀或「反向問號」往東（左）移動約2個拳頭，可找到組成獅子後臀的3顆星星。從軒轅十二向西（右）平移2個拳頭，你會在黯淡的巨蟹座中發現蜂巢星團。在郊區或鄉下觀星時，夜空中的蜂巢星團看似一團模糊的光霧。圖片提供者：鮑伯‧金恩；來源：Stellarium

觀察練習：觀賞「月球掩星」時使用雙筒望遠鏡或天文望遠鏡可看得更清楚，不過眉月時的月光不致壓過天上繁星，這時你不需依靠任何光學設備，即可看見月球掩沒亮星，或看到星星從月球暗邊復出。

　　多花點時間熟悉春季星座的主角獅子座。我們還要透過它來找到其他亮度稍暗、名氣較小的星群和星座組。觀測星座時，可以自己調整學習步調，無需著急。它們整個季節都在，明年、後年也是，永遠都有機會。我隨著興趣與需求，花了好幾年時間觀察天上星座。從明亮的星座組，如大熊座、仙后座和獵戶座，到黃道十二宮，我踏上了一輩子的觀星之旅。

在書中我們只關注比較亮的星座和星群，如果你經常觀星，可能只需1年就能將它們盡收囊中。每當你發現一組新的星體，就把它們當作奇花異石或珍愛的美景來觀賞。你所找到的每個星座或星群都印證了你的努力與決心，也是你個人探索歷程中不朽的一刻。至今我仍記得在那個溼熱的5月夜晚，天上那坨糾纏不清、象徵大力士海克力斯的星群，突然幻化成我苦心搜尋數夜的武仙座時的情景。真是令人欣喜！

現在讓我們看看長蛇座（難易級別4），它是星空中最長、最大的星座。假如你認為天龍座的身軀好長，那麼你一定得看看這條凶猛的野蛇。從軒轅十四，朝西（右）量出2個拳頭，你會找到5顆彼此靠得很近的「小恆星」（上面3顆、下面2顆）所構成的巨蛇頭部。從這裡遊走至南邊、東邊（往下、往左），沿著一顆顆暗星繼續移動，直到快要觸及地平線。長蛇座的身形還要再延伸至更東方，只是你必須等到地球自轉將蛇尾拉抬到東南方天空。

從一顆星盤繞到另一顆星，我們已經在天上走了很長一段距離，此刻烏鴉座（難易級別2）也現身了。盤踞在長蛇座其中一節軀幹上方的烏鴉座，是由4顆3等恆星排列成扁菱形圖案的小巧星座，位在仰角僅6°的天空中。儘管烏鴉座永遠不會像獅子座或北斗七星爬升至高空，但它小巧的身形同樣引人注目，就如同烏鴉總是以粗嘎的叫聲宣告自身存在。

▼ 蜂巢星團在古代便已相當出名，距離地球577光年，是離地球最近的星團之一。星團中的恆星太暗，也過於密集，以致無法以肉眼一一分辨。若透過雙筒望遠鏡，你能看到其中數十顆。照片提供者：鮑伯‧金恩

再回到軒轅十四。觀星時必須長時間抬頭，所以要經常左右擺擺頭，前後左右轉幾圈，讓肌肉伸展、放鬆一下。我學會不時縮頭聳肩，舒緩僵硬的脖子，避免得了「天文頸」。

觀察練習：當你望向軒轅十四上方不到1個拳頭的位置，會在鐮刀的彎口看到2星等的軒轅十二（Algieba）。從這顆恆星往西（右）移動2個拳頭，那兒乍看之下一片漆黑。當你緊盯著那個位置，會赫然發現那兒有一小團長得像雲朵的光。你找到蜂巢星團了！

不是人人都看得到蜂巢星團——尤其當你住在大都市旁，或天空中有霧靄或雲層之時。只要在沒有月光的夜晚稍加注意，便可找到它的蹤影——建議別直視目標，而是利用廣為歷代觀星者使用的「側視法」（averted vision）來辨識黯淡的物體。觀測黯淡的恆星或星團時，不要直視本體，而要利用周邊視力，這樣能讓眼睛裡更多的感光細胞對準星體。眼球靠近鼻側的部分側視力最佳，在觀星時可交互使用，以右眼稍微向右側視目標，過一會兒再改為以左眼稍微向左側視目標。

幾乎所有雙筒望遠鏡都能幫你穿透光霧，讓你看見這個彷若蜜蜂般群集的恆星；用肉眼觀察就只能看到一團朦朧星霧，看起來就像一顆沒有尾巴的彗星。以肉眼觀測時，你可以從它附近的昂宿星團（444光年外）中「認」出幾顆恆星，但距離地球577光年的蜂巢星團就另當別論了。這團星體不僅比昂宿星團更古老，亮度也更暗一些。只要找到蜂巢星團，你也就來到了巨蟹座（難易級別5）的正中心。巨蟹座是黃道上較暗的星座之一，由4顆4星等恆星組成顛倒的「Y」造型。如果成功找到這個晦暗的星座，記得誇獎自己一下。

這時你向左轉90°朝向東方，會看見一顆橙亮的恆星正與你對視。那是大角（Arcturus），是星空牧者牧夫座（Bootes）的主星，大家常常唸錯它的名字。我年輕時就把它唸成「booties」（註：意為贓物）。牧夫座的名稱由來依舊成謎，或許源自希臘文中的「喧鬧」一字，剛好可以形容牧者大聲呼叫牲畜的場景。古希臘人將牧夫座（Arctophylax）視為「牧熊人」，意謂此星座一年到頭著繞著北極星追逐大熊座。希臘文Arktos的意思是熊，指的是大熊座和所有北方之物，是今天英文中「arctic」與Arcturus（大角）的字源。

獅子座的另一頭還有一個星團等著你發掘。在獅尾左邊（東邊）2個拳頭，五帝座一的上方，是由一群黯淡的恆星組成的后髮座（Coma Berenices，難易級別3），或稱柏雷尼思之髮（Berenice's Hair）。它是所有星座中少數以真人為名的星座之一，柏雷尼思是古埃及的一位王后，大約生於西元前266年。我們已知后髮座星團距離地球180光年，也就是說，比我們熟悉的秋季昂宿星團離地球近了2.5倍。利用側視法，我們可用肉眼從它簡單的三角形內辨識出約莫20～40顆星體。

每當牧夫座登上舞台，星空群獸必歡聲雷動，熱鬧活躍的春晚，青蛙自附近水塘探頭窺望，天上拍鼓翅膀聲中亦傳來鵝鳴。

身為天空第四亮星，大角僅含蓄地顯露其天縱英姿。不妨想像一下這顆橙巨星的樣貌，它比太陽大26倍、亮113倍，距離地球只有37光年——按照宇宙標準，它就在我們後院——它的燦爛光彩令人嘆為觀止。

遠古至今，人類已歷經無數世代，然而天上星座的身形依舊。假如有幸回到過去，與亞里

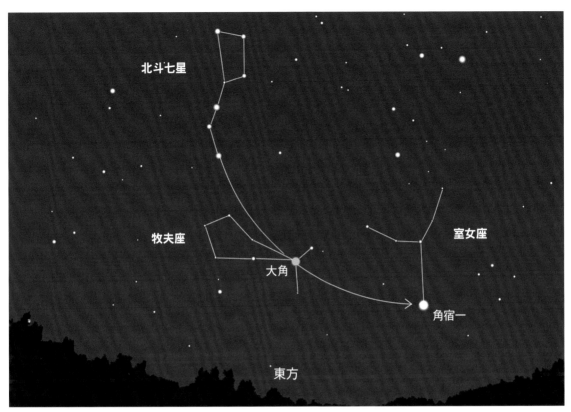

▲ 從一組眼熟的星群，譬如北斗七星，自其輪廓畫出線條或弧線至其他星體，這是觀星時找出其他星體或星座最簡單的方法之一。冬末或初春之際，你可將北斗七星勺柄的弧線延伸至「大角弧線」，找到星空牧者牧夫座中耀眼的橙巨星大角。沿此弧線繼續下去，便會看到室女座中最亮的恆星角宿一。圖片提供者：鮑伯・金恩；來源：Stellarium

斯多德一同漫步於星空下，你會看見與今夜相同的天體輪廓。儘管所有星體都在移動，當中也包括每秒運行220公里的太陽，但它們大部分都距離我們太遠，無法僅憑肉眼看出它們的任何位移。但也有少數例外。

以發現哈雷彗星出名的愛德蒙・哈雷（Edmund Halley），曾分別就西元前300年的托勒密（Ptolemy）和西元前130年的希巴克斯（Hipparchus）兩位古代天文學家的觀測結果，和他所處年代（18世紀）的恆星位置進行比對，而有了驚人發現——經過了這段漫長歲月，大角、天狼星，和金牛座畢宿五全都向南偏移超過0.5°。

「由此得知，此刻諸星均較古人所記載之位置往南方偏移至少0.5°，」哈雷在1720年英國皇家學會的《自然科學會報》（*Philosophical Transactions*）上如此寫道。於是愛德蒙・哈雷爵士發現了「恆星自行」（proper motion）現象，即恆星在天空中自體移動對地球觀測者產生的視角變化。通常，恆星愈遠，我們看到的位移愈緩慢，離地球最近的恆星則看起來移動得最快。走過浩瀚時間長流，漸次的自行終將累積成可觀的距離，扭曲了星座輪廓，在遙遠的未來我們將再也無法辨識出它們最初的模樣。

▲ 夜空看來像個二度空間的平面，事實上卻深邃得難以想像。在室女座方位距離地球5,000萬光年處，肉眼無法看見的巨大
室女座星系團就藏在獅子座尾巴下方。每個星系都彷若我們的銀河系，全擠滿了無數星雲、星團、恆星與行星。照片提
供者：葛雷格‧摩根

夏季星空

描繪時間為6月中旬12:00 a.m.、7月中旬10:00～11:00 p.m.，和8月下旬9:00 p.m.

　　你很難不喜歡夏天，因為這時終於可以脫掉靴子和外套，不用再擔心手指或鼻子被凍僵。夜晚的空氣充滿令人陶醉的香氣——夏夜裡芬芳撲鼻的氣味永遠不令人厭倦。青蛙探頭探腦，和煦微風帶著整座森林的樹葉窸窣合唱起來。不像冬天，觀星者樂於迎向涼爽且能驅走蚊蟲的夏夜晚風。

　　時序來到7月，我們要向西方天空中的朋友獅子座、室女座和烏鴉座說聲再見。它們專屬的季節已經過去。不過它們還會短暫逗留一會，接著就向西方地平線報到。北斗七星的大熊也轉過身，盤踞在西北方天空，此刻仍高高在上的它也不得不準備在入秋時進入蟄伏。這時，牧夫座與北冕座高聳於西南方天空，大角則穩定地為整個夏季帶來柔和光芒。

　　夏季的夜幕開展，南方天空中新一輪的角色登場——天蠍座、天秤座，還有人馬座。這3個星座都是黃道十二宮成員，分別為太陽在晚秋及初冬的月分提供棲所。這幾個星座在美國北部就跟冬季的太陽一樣，從來不會爬到天空較高的位置。到了夏天，滿月和太陽互換位置。接著，太陽會在6月～7月攀升至黃道上金牛座和雙子座之間最高處，造就出漫長白晝與直射的（也最熾熱的）陽光。此時，滿月位在相對於太陽的另一端，換句話說，月球將在夏季月分中棲身於天蠍座和人馬座間的黃道面低處。

▼ 下圖是在7月初面向南南東方夜空，天秤座、天蠍座和人馬座（別名「茶壺」）稱霸星空的畫面。7月和8月夜晚是觀賞夏季銀河最佳時機，只見銀河如天際的一縷煙霧，自南方地平線上一路往東南伸展。你可在夜色漆黑的觀星點，以肉眼看見在銀河內成群發亮的天體——星團與星雲。圖片提供者：鮑伯·金恩；來源：Stellarium

面向7月初的南南東方夜空

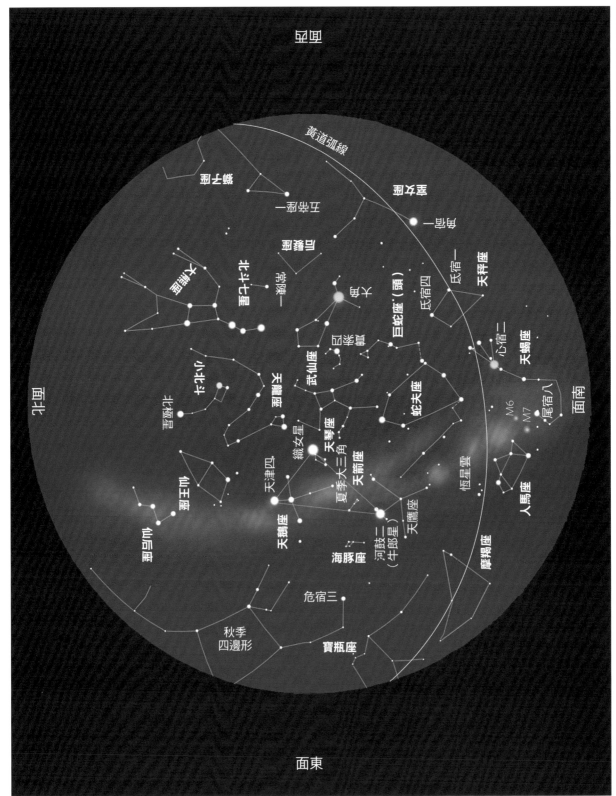

正西

正北

正東

正南

黃道弧線

蠍虎座

仙后座

仙王座

仙女座

大熊座

牧夫座

小熊座

天龍座

北冕座

一星北極

武仙座

狐狸座

巨蛇座（頭）

武仙座

蛇夫座

大角

冕座

北河

武仙座

氐宿一

天秤座

氐宿四

心宿二

天蠍座

M6
M7

尾宿八

織女星

天琴座

夏季大三角

天箭座

恆星雲

人馬座

天津四

天鵝座

河鼓二
（牛郎星）

天鷹座

海豚座

摩羯座

飛馬座

秋季
四邊形

危宿三

寶瓶座

▲ 7月下旬當地標準時間10 p.m.的星空。獅子座已滑到西邊，引人注目的天蠍座、夏季大三角跟銀河分別位在南方天空及東方天空。秋季四邊形邊形沿著東方地平線升起，預示秋天即將到來。與圖中相同的星座分布位置，也可在3月下旬天剛破曉、5月下旬午夜時分看見。及6月下旬的2 a.m.。圖片提供者：鮑伯・金恩；來源：Stellarium

位於天蠍座前方的天秤座（難易級別3），由幾顆3、4星等恆星排出黯淡寶石造型，寬約1個拳頭，也是黃道十二宮裡唯一以非生命體命名的星座。儘管羅馬人如此看待它，但古希臘人可不一樣。他們稱其為「Chelae」，意思是「鉗爪」，是一旁的天蠍座極重要的身體部位。天秤座的秤子造型或許不容易聯想，不過我還是鼓勵大家至少試著認識它最亮的2顆恆星及它們有趣的取名：氐宿一（Zubenelgenubi）在阿拉伯文中意為「南方之鉗」，氐宿四（Zubeneschamali）則代表「北方之鉗」。沒錯，巨蠍的2隻鉗子仍活靈活現。

　　氐宿一又稱為天秤座 α 星，是距離地球77光年的遠距光學雙星（wide double star），可在晚春及夏季傍晚用它來鍛鍊眼力。其中能以肉眼視得的是顆+3星等的恆星；那顆黯淡的+5星等伴星位於其西北約十分之一個月球直徑視距處，也就是在較亮主星的右上方。你看得見它嗎？不妨試試側視法，若還是看不到，找副雙筒望遠鏡就能辦到。

　　天秤座可直接為我們指向黃道上另一個名副其實的星座：天蠍座（難易級別2）。3顆幾乎垂直疊起的恆星形成蠍頭，看上去有點像夏季版的獵戶座腰帶；稍微往東（左）就會見到紅如火焰的心宿二（Antares），人們常把它與火星相提並論，因為二者不論顏色或亮度都旗鼓相當。Antares衍生自Anti-Ares，其中Ares代表希臘神話中的戰神阿瑞斯以及行星火星之名，Anti則是反對、對抗之意。色彩鮮明的心宿二讓自己足與火星匹敵。

　　心宿二遠在地球之外550光年，其明亮程度暗示了它本身的特色。這隻巨獸所發出的光芒更勝太陽60,000倍，若將其巨大形體置放到太陽所在位置，其熾烈熱焰伸出的桃紅火舌將會超過火星公轉軌道。心宿二和大家熟知的獵戶座參宿四，都是壽命不長的紅超巨星，有朝一日它們的核燃料用罄時，將發生超新星爆炸。我們從心宿二往南、往東移動，大膽地摸著天蠍座的「J」形尾巴滑下，直到抵達毒刺之星尾宿八（Shaula）和尾宿九（Lesath）。尾宿八是天蠍座第二亮星，在阿拉伯文中意為「螫刺」。北方的觀星者需要找個面向南方地平線的好地點，才能瞥見這2顆恆星。我家面南的方位被樹擋住了，不過有次我在開闊的海濱見到了天蠍座的全貌，當下有種與危險共舞之感。

▼ 雖然你無法單憑肉眼分辨出托勒密星團中的獨立星體，但你可以在蠍尾上方看到它以一小團明亮星霧呈現的模樣。使用雙筒望遠鏡可看到壯觀景象，並從中辨識出幾十顆恆星。照片提供者：Stellarium

在這兒，我們還有機會見到耀眼的蝴蝶星團（Butterfly Cluster，M6）和托勒密星團（Ptolemy Cluster，M7）。蝴蝶星團名稱取自人們在天文望遠鏡中所看到的造型（確實像隻蝴蝶）；也被稱為M7星團（以法國天文學家查爾斯·梅西爾〔Charles Messier〕之名命名）的托勒密星團，則要回溯至西元2世紀早期亞歷山卓城的古希臘羅馬天文學家托勒密，他在西元130年按其形貌稱它為「雲霧」（nebula）。直到今日，我們肉眼所見的托勒密星團仍是那個模樣。

觀察練習： 你會發現托勒密星團比較好找，因為它比蝴蝶星團大、也比較亮，比2個滿月加起來還大。這2個看似小塊朦朧光霧的星團，位在穿過天蠍座流向半人半馬的人馬座（難易級別3，因為位在低空）的銀河東方邊緣。你會在心宿二左（東）下方2個多拳頭的地方找到它。

▼ 透過長時間曝光拍到夏季銀河最明亮段落的壯麗繁星，這個段落從北十字星（圖左）延伸至人馬座。銀河中間的縱向暗帶稱為「大裂縫」，乃是由背景恆星所映襯出的星際塵埃。緊挨著地平線上方的綠色帶狀光影稱為「氣輝」（airglow），是大氣中的分子受日光激化發出微光所形成的現象。照片提供者：鮑伯·金恩

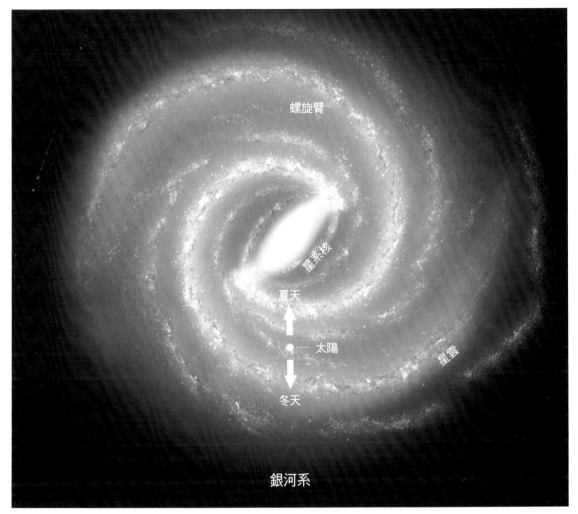

螺旋臂

星系核

夏天

太陽

冬天

星雲

銀河系

▲ 我們住在名為「銀河系」的螺旋星系中，裡面大約4,000億顆恆星、難以計數的星團、星雲（圖中粉紅色斑塊）和無數行星，全都集中在一片直徑達10萬光年的扁平圓盤上（星系核位於圓盤中心）。我們的太陽和太陽系，大概是在銀河系中心到外緣一半的地方繞著銀河系中心運行。夏天時，我們面向銀河系中心；冬天時，則面向銀河系外緣。這大致可解釋為什麼夏天的銀河看來比冬天厚實、明亮些，也較易找到。照片來源：NASA／噴射推進實驗室（JPL）－加州理工學院／ESO／赫特（R. Hurt）

　　古人運用旺盛的想像力將神話裡的生物勾勒得栩栩如生，如今我們大多會以較通俗、寫實的名字「茶壺」（Teapot）稱呼人馬座，這同時也能呼應它的「T」狀造型。你甚至可以在漆黑夜空中看見壺嘴冒出一股「蒸氣」雲。我自己很愛喝茶，所以此般景象深得我心。

　　當然，這道蒸氣不是別的，正是銀河這條朦朧的發光帶，當中點綴著眾多星團和恆星遍布的氣體雲，它從南方地平線上斜斜升起，先是通過人馬座，繼而貫穿天鷹座、天鵝座，和「W」型的仙后座，最後接到東北方地平線。因此有人將它比喻成撐起整片天空的脊椎。

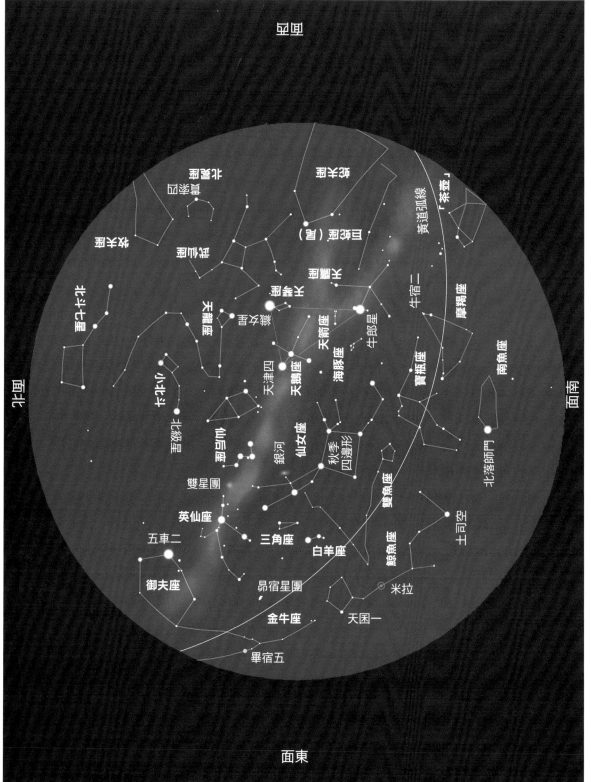

西北

北面

東面

北斗七星
獵犬座
牧夫座
大熊座
小熊座
天龍座
仙王座
北極星
仙后座(圖)
英仙座
五車二
御夫座
昂宿星團
金牛座
畢宿五
三角座
白羊座
雙星團
天鵝座
天津四
仙女座
銀河
秋季四邊形
雙魚座
鯨魚座
米拉
天囷一
天琴座
織女星
海豚座
天箭座
牛郎星
牛宿二
摩羯座
南魚座
寶瓶座
北落師門
土司空
夏季大三角
牛宿二
黃道弧線
「秋季
四邊形」
黃道弧線

面南

▲ 10月下旬當地標準時間9 p.m.時的星空。夏季星座隨著地球繞日運行而被推往西邊，輪到一些眼熟的秋季主角天主角登場，包括秋季四邊形、仙后座，以及黃道上的黯淡三宮：摩羯座、雙魚座、寶瓶座。夏季大三角仍然盤踞西南方天空。與圖中相同的星座位置，也可在7月下旬的凌晨3 a.m.、9月下旬的11 p.m.、及11月下旬的6 p.m.看到。
圖像提供者：鮑伯・金恩。來源：Stellarium

天津四

北十字星
（天鵝座）

海豚座

2個拳頭

織女星

輦道增七

天琴座

天箭座

牛郎星

▲ 一旦你學會如何辨識夏季大三角上的各個恆星及其所屬星座，可試著讓它帶你走到2個較小的恆星組──海豚座與天箭座。先找到北十字尾端的輦道增七，從那兒往東移動2個拳頭抵達海豚座。照片提供者：鮑伯・金恩

夏季或許是觀賞銀河最好的時點，但即便剛進入秋天，從西方地平線延伸到天頂的銀河依舊奪目，彷彿在靜謐冷冽的夜晚中，從煙囪冒出的一道白煙。此時，牧夫座大角與北斗七星在西北低空閃爍，此時北斗七星已掠過野林上空向北方移動。悠哉的夏季大三角仍高高站在西南天空，似已忘卻時光流逝，北十字星的天津四則矗立於天頂旁。我不禁再次望向北十字星。有它幫忙，我們便能找到2個形如其名的小星座：天箭座（Sagitta）與海豚座（Delphinus）。

牛宿二是由2顆星所構成，牛宿二α1和牛宿二α2。α1是較暗的一顆，視覺上位於較亮的α2西北五分之一個月球直徑的地方。儘管這對雙星看來如假包換，卻只是「光學雙星」，或可說這2顆距離上南轅北轍的恆星只是剛好排列在一起。但鄰近的牛宿一就是不折不扣的雙星了。牛宿一的雙星圍著彼此的共同質量中心互相繞行，在太空中一起移動。即使無法以肉眼分辨，但光用雙筒望遠鏡就可一覽無遺。噓——跟你說個秘密。雖然牛宿二的2顆星彼此毫無瓜葛，但其實各自都是真實雙星，用小型天文望遠鏡就能看到。

觀察練習：我們從秋季四邊形往東（左）畫出一條寬約3個拳頭的假想線，並稍微往南（下）找到2星等的婁宿三（Hamal），它是白羊座（難易級別2）的最亮星。比起旁邊分布範圍廣闊的雙魚座，白羊座看來雖袖珍許多，卻好認多了。找尋3顆排列成看似略微捲曲的食指的恆星。找到了白羊座，還可順帶找出一旁的另一個星座——正北方（正上方）不及1個拳頭處，有個纖細的三角形，它是三角座（Triangulum，難易級別3）。古希臘人取三角體「deltoid」之意，用希臘文中Deltoton為之命名。

你一定覺得我們已經講夠飛馬座了，對嗎？還早呢。秋季四邊形就像把瑞士小刀，裡頭的工具用途多多。現在，我們要用它找出海中巨獸鯨魚座（Cetus，難易級別4）。再從四邊形拉出一條線來，這次是沿著東（左）邊向南量出3個拳頭，來到2星等的土司空，它在阿拉伯文中意為「海怪尾巴南端」。如同雙魚座，組成鯨魚座身軀的恆星頗為黯淡，散布在北落師門以東（左）南方天空的廣大區域。在土司空以東（左）4個拳頭處，你會找到鯨魚座的α星天囷一（Menkar）。儘管它比土司空來得暗一些，但或許是仗著距離黃道較近，因此享有α星的封號。

偶爾，天囷一和土司空都會被突然大放異彩的米拉（Mira，中文名稱為蒭藁增二）所遮掩，全年中米拉僅有短短數月能以肉眼觀看，之後便又重返黑暗。你可在天囷一以西（右）1個多拳頭的地方找到米拉，但如果什麼都沒看見也無需意外。在11個月的繞行周期中，米拉的亮度會從9星等（只能仰賴小型天文望遠鏡觀看）增強到2星等，有時甚至還更亮些。如果你出門觀星前想知道米拉當晚的狀態，可上美國變星觀測者協會（American Association of Variable Star Observers）官網查詢（https://www.aavso.org/），在「Pick a Star」（挑選一顆星）文字框中輸入Mira，然後點選「Check Recent Observations」（檢視近期觀測）連結。

米拉堪稱「長周期變星」（long-period variables）的原型。此類變星的質量與我們的太陽相當，形體卻大得多，而且在固定周期內會不斷脈動——體積反覆地變大又縮小。西元1596年，路德教派牧師兼天文學家大衛・法布里奇烏斯（David Fabricius）發現了米拉。早期世人並未特別注意這顆恆星，但後來當人們見到它出現明暗變化，便以拉丁文Mira為其命名，意為「神奇」、「驚人」。

米拉的大小，會在為期332天的周期內反覆縮放在介於太陽的400倍～700倍之間。起初人們或許難以理解，為何這顆恆星在它變得最小或縮得最緊密時，反而變得最亮。當它收縮時，從恆星表面特定區塊輻射出的能量頓時加遽，使得整顆星更熱、更亮。而當它重行伸展，整顆恆星便冷卻下來。從每年夏季尾聲開始至12月，好好留意這顆神奇的恆星。運氣夠好的話，或許會見到它發亮時讓鯨魚座眾星失色的難得景象。

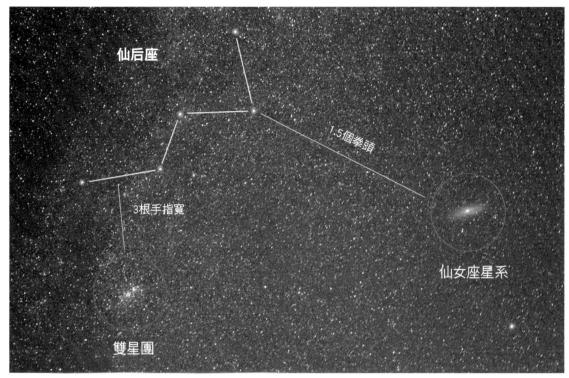

仙后座

1.5個拳頭

仙女座星系

3根手指寬

雙星團

▲ 仙后座的彎曲身形讓我們很容易便能同時找到英仙座的雙星團，以及仙女座星系，那是鄰近銀河系的較大星系。照片提供者：鮑伯・金恩

　　想不想去銀河系外拜訪一下？讓我們最後一次回到秋季四邊形，先停在東北角（左上方）的壁宿二（Alpheratz）。到目前為止，我們一直認為它只是秋季四邊形的一部分，但現在要揭露它另一個身分。壁宿二也同時在仙女座（Andromeda，難易級別3）麾下效力，並擔綱仙女座 α 星。我們稱這類分飾二角的恆星為「連接星」（linking star），它們讓2個星座得以相輔相成，儼然成為含情脈脈相互凝視的佳偶。金牛座和御夫座共用的五車五（Elnath，金牛座 β）是唯二2顆連接星中的另一顆。

　　伊利諾州大學天文學榮譽教授吉姆・卡勒（Jim Kaler），曾將仙女座比喻為秋季四邊形東北方的「一串珍珠」。

　　觀察練習：仙女座最亮3顆星由西向東（由右至左）──壁宿二、奎宿九（Mirach）、天大將軍一（Almach）──彼此間相隔約1.5個拳頭，亮度約2星等。若將視線停在奎宿九，往北量3根手指寬再稍微靠西（向北偏右），你會看見一個模糊光點，外形彷若巨蟹座中的蜂巢星團。是另一個星團嗎？它可大得多了。我們找到的是仙女座星系，它不僅是最接近銀河系的大星系，也是大多數人肉眼所能見到的最遠天體。

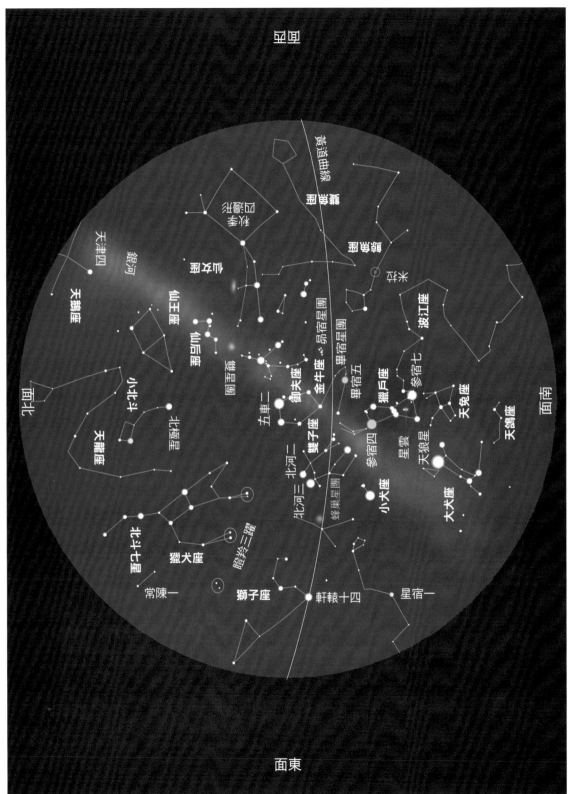

面東

面西

正北

正南

天津四

天鵝座

蝎虎座

仙王座

仙后座

双魚座

英仙座

仙女座

大陵五

三角座

白羊座

小北斗

五車二

御夫座

金牛座

昴宿星團

昴宿星團

畢宿星團

畢宿五

天大將軍

少北斗

北斗七星

雙子座

北河二

北河三

蜂巢星團

天龍座

獵犬座

常陳一

階梯二躍

獅子座

軒轅十四

星宿一

小犬座

參宿四

星雲

大犬座

天狼星

獵戶座

參宿七

波江座

天兔座

天鴿座

黃道曲線邊緣

天大將軍

米星

▲ 1月下旬當地標準時間9 p.m.時的星空。我們在此向秋季四邊形道別，同時迎接重新在東北方天空升起的北斗七星。在冬季的南方天空中，成群亮星絡繹不絕的景色（加上嚴寒）令人屏息。與圖中相同的星座位置也可在本地時間大約10月下旬4 a.m.、12月11 p.m.、及2月下旬7 p.m.看見。圖像提供者：飽伯。金恩。來源：Stellarium

▲ 看似耀眼卻也朦朧的昴宿星團，會在晚秋及初冬之際重返天際，是觀星迷熱切期盼的天文景象。你可在入夜後的前幾個小時裡，從東北方的低空中找到它。照片提供者：鮑伯‧金恩

　　開始欣賞眾星雲集的盛況前，我們先注意舞台上有哪些巨星正要離場。冬夜裡，面向西方，你會見到夏季大三角已經啟航，尾端處豎立著北十字星。飛馬座翻過身來，相隨一旁的仙女座宛若繫於馬頸上的緞帶隨風飄揚。假如你在12月下旬和1月天剛黑時便出門觀星，會發現鯨魚座在南方天空興風作浪。從海怪頭部向東北（左上）數2個拳頭距離，那兒的天空中矗立著勺狀的昴宿星團（Pleiades），是天際最美的景致之一。

　　昴宿星團中的7顆星分別代表希臘神話中阿特拉斯（Atlas，昴宿七）和普勒俄涅（Pleione，昴宿增十二）所生的7個女兒：邁亞（Maia，昴宿四）、伊萊克特拉（Electra，昴宿一）、亞克安娜（Alcyone，昴宿六）、泰萊塔（Taygeta，昴宿二）、亞斯泰羅佩（Asterope，昴宿三）、塞拉伊諾（Celaeno，昴宿增六）和梅羅佩（Merope，昴宿五）。七姊妹星團早在8月黃昏時便已初次露臉，但要等到晚秋、入冬時才會大放異彩。我很愛看著它們慢慢攀升至東方高空——猶如薄霧中一串霜白輝亮的珍珠首飾冉冉上升——最後在12月向晚時高懸於南方天頂。昴宿星團跟其他天體很不一樣。當中大部分都是獨立的單一恆星，然而諸多恆星卻共同擠在狹小空間內，使得它與其他所有天體迥然不同，因此格外引人注目。

▲ 昂宿星團象徵泰坦神阿特拉斯和海中女神普勒俄涅的7個女兒。多數人剛開始只能瞧見5顆，但是細看之下，應可找到7顆。星團中最難辨識的當屬昂宿增十二。照片提供者：Rawastrodata／維基百科

　　昂宿星團包含了3,000多顆恆星，是天上第二亮的星團，亮度僅次於一旁的畢宿星團（Hyades）。昂宿星團距地球444光年，星團本身寬13光年，大約是地球到明亮的織女星距離的一半。星團內各星體間存有重力連結，因此它們就像魚群般，行動一致地在太空中移動。

　　觀星新手遇見了昂宿星團，通常會說他們只看得到其中5顆。多數人一開始看時確實也是如此，因為昂宿星團最亮的5顆星——昂宿六、昂宿七、昂宿一、昂宿四和昂宿五——亮度分別介於+2.9～+4.2星等，是我們在條件良好的夜空下眼力所及的範圍。我們可以看出當中更多的星嗎？

　　19世紀末、20世紀初的天文學家兼作家艾格妮絲・柯樂克（Agnes Clerke）曾說：「卡林頓和丹寧（注：Carrington與Denning都是英國的業餘天文學家）數到了14顆。」羅伯特・伯納姆（Robert Burnham）在所著共3輯的《天體手冊》（*Celestial Handbook*）裡如此寫道：「在條件極佳的狀況下，可從星團中辨識出至少20顆恆星。」

觀察練習：我們試試能否找到剩下2顆，湊成7顆。當然，想練就如此非凡本領需要漆黑夜空跟頂尖眼力，加上無窮耐心的配合。從昂宿六畫條線穿過昂宿四後，可直達昂宿二。知道該往哪看之後，大部分人都能輕鬆找到它們。觀測時，不要直視星體，改以側視法輕輕挨近，或對著目標「周圍」掃瞄，久而久之便可看出端倪。現在我們找下一顆星昂宿增十二，許多觀星者都拿它沒輒。它不只相當暗，而且還緊貼著較亮的昂宿七。要想看出它，需要在十足黑暗的夜晚，必須有耐心，並不斷以側視法、直視法交替進行觀察。

θ1
θ2
畢宿五

▲ 昴宿星團以東（左側）1個拳頭處，你會與金牛座打上照面，那是由「V」造型的畢宿星團所組成。明亮的畢宿五看來就位在星團之中，但它其實是顆「前景星」（foreground star）。照片提供者：鮑伯・金恩

　　昴宿星團之所以看來朦朧，有幾個原因：星團內擠滿恆星，肉眼看來便像一團混濁光暈；恆星亮度過於微弱，難以直接看見，而星團內的塵埃又將恆星光芒反射。我會建議，你在熟悉它在肉眼中的模樣後，可使用雙筒望遠鏡欣賞它更清晰的樣貌。相信你一定會為鏡頭中出現了更多恆星而感到欣喜。

　　觀察練習：有比星團更有趣的天體嗎？如果在它隔壁還有另一個星團呢？在七姊妹星團東南1個拳頭的位置，你一定會找到在明亮的橙色恆星畢宿五襯托下的畢宿星團，看來像是由一群恆星組成的小「V」，寬約3根手指。這個V代表金牛座中公牛的臉，畢宿五則是牛臉上一隻閃爍的大眼。在與畢宿星團合作無間的演出下，畢宿五看來簡直就是星團成員之一，但其實它是顆前景星，剛好和星團在視線上交疊。由於有耀眼的畢宿五相伴，「V」的造型才得以圓滿。否則，公牛便少了一隻眼。

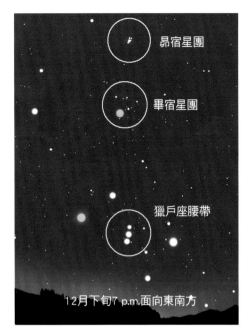

昂宿星團

畢宿星團

獵戶座腰帶

12月下旬7 p.m.面向東南方

▲ 當獵戶座升起時，往東邊看——圖上顯示時間為聖誕節的7 p.m.——你可從獵戶座的腰帶開始，一路向上看到畢宿星團及昂宿星團。來源：Stellarium

畢宿星團是離地球最近、也是看來最亮的星團，距離地球僅151光年，比昂宿星團近多了，這便是它看上去比較大的原因之一。從深空攝影中，可看到畢宿星團內300～400顆星團成員；肉眼可觀測到十來顆，透過雙筒望遠鏡則可看見大約100顆。其中又以離我們僅65光年的畢宿五最為顯眼。美國NASA先鋒十號太空探測船在1973年傳回了第一張木星特寫照片後，便繼續飛往畢宿五，預計約在200萬年內會接近這顆恆星周邊。但願我能先睡個大覺，補償多年觀星犧牲的睡眠，然後在太空船抵達的那一刻被即時喚醒。

希臘神話中，畢宿星團代表阿特拉斯另外5個女兒，也就是昂宿星團同父異母的姊妹。她們為了死去的兄弟許阿斯（Hyas）不停哭泣，因此宙斯將她們變成了天上的星星。自古以來，下雨天總會讓人聯想到畢宿星團。希臘人相信5姊妹升天成了畢宿星團後，便為世界帶來了雨水。仲秋夜晚時分，當畢宿星團初次露臉，我們便曉得季節正在變換，下雪的日子近了。

觀察練習：肉眼觀星的另一挑戰，難度適中的金牛座雙星θ（Theta）就在畢宿五西南（右下）方1個指距的地方等著你。試試看吧。發揮你最敏銳的視力專注地看著它，當你察覺那兒不只有1個，而是有2個珍珠般小點時，會非常開心喔。如果使用雙筒望遠鏡就更容易了，甚至還能發現2顆星的顏色隱約不同——一白一紅。

觀察練習：肉眼觀星又一挑戰，但趣味十足，看看你能從畢宿星團中找出幾顆星。我在家時，如果天色夠黑又沒有月光，可從它的V造型內或邊緣處數出十幾顆星星。在這範圍以外，還有幾顆光芒更加微弱的成員。你能找出幾顆呢？

畢宿星團為金牛座（難易級別2）勾勒出牛臉的輪廓，天廩三（Zeta Tauri，金牛座ζ）及五車五（Elnath，金牛座β）這2顆恆星則在畢宿五東北方（左上方）1.5個拳頭的地方標示出牛角的雙尖。五車五雖然屬於金牛座，但也連接到另一個我們之前介紹過的星座，那就是位於春季星空西方的五邊形戰車手造型的御夫座（難易級別2）。在一月下旬的晚上，御夫座從天

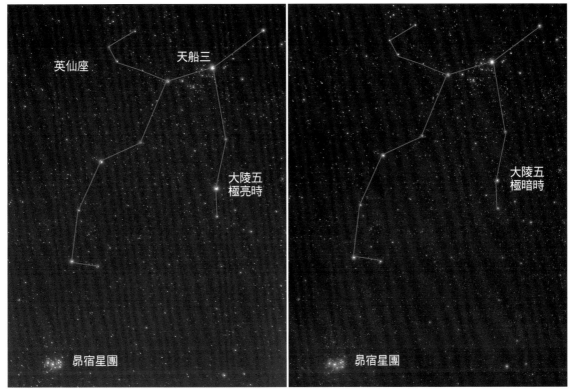

英仙座
天船三
大陵五 極亮時
昂宿星團

大陵五 極暗時
昂宿星團

▲ 想看看食變星（stellar eclipse）嗎？朝著英仙座旁邊不遠的雙星大陵五觀測。每隔幾天，這顆恆星便會從它正常的+2.1星等（與北極星一樣亮）褪成+3.4星等。變化相當明顯，可用肉眼輕易察覺。照片提供者：鮑伯·金恩

頂向下照耀，你得拚命向後仰才看得見它。這時，你不妨仰躺在地上或舒服地斜倚在熱澡盆裡欣賞它。

位於御夫座西北角（右上角）的五車二是夜空中的第六亮星，亮度為+0.1星等，只比夏季的織女星稍暗一些。現在我們繼續聊聊神話。話說，這位御夫非但未駕著戰車，也沒有騎馬，但右手的確握著韁繩，左肩上還扛了頭母羊（五車二）。距五車二下方2根手指寬的地方，有一個由3星等恆星群組成的小三角形，上面的每顆星都代表一隻小羊，所以它們又叫「小山羊星群」（The Kids）。

我們在夏天時面向人馬座與銀河系的中心。到了冬天，我們則面向御夫座和金牛座交界處，背對銀河中心。這時，太陽系和銀河系外緣之間的恆星及明亮星雲乏善可陳，使得冬天的銀河與它8月時的輝煌根本無法相比。在一個暗黑無月的夜晚，從頭頂的仙后座開始，試試看自己能夠沿著狹長的銀河帶追蹤多遠，一路上會經過英仙座、金牛座、雙子座、獵戶座，而至大犬座，直到銀河漸漸隱沒於東南方的地平線。在這過程中，留意一下銀河中及其邊緣的眾多亮星跟御夫座細微朦朧的光暈所形成的對比。

仙后座

雙星團

大陵五

英仙座

御夫座

12月初夜降時面向東北

　　想觀察大陵五的食變，倒不必乾等10個小時。一般來說，當這顆恆星自最亮驟降至極暗，或自黑暗谷底陡升至最強亮度時，你就能捕捉到它的身影。我最喜歡趁著上面任何一種情況發生時抬頭觀賞，然後等到夜深人靜，再出來欣賞它在當晚的第二次演出。這場發生在93光年外的恆星偏食所展現的亮度遽變極其驚人，而且在自家門口就能看到。太棒了！

　　觀察練習：使用《天空與望遠鏡》雜誌網站的大陵五極暗點計算機（Algol minimum calculator），找出大陵五最暗的時間（www.skyandtelescope.com/observing/celestial-objects-to-watch/the-minima-of-algol/），然後依計畫進行觀察。

　　離開英仙座前，還有另一場精彩好戲等著我們，那就是雙星團。稍早我們在遊歷秋季星空時，曾約略提到這對比肩而立的恆星團。透過仙后座的亮星指引，很容易就能找到。朝著仙后座「W」下方左側伸直手臂，比出1個拳頭（假如「W」已越過北方天空的子午線，則在其上方），尋找一小朵膨膨的雲，那兒是銀河中一個群星密布之處。它就連在城市近郊也不難找到。古代巴比倫人與希臘人都知道這朵小雲，希臘天文學家希巴克斯在西元前130年將其蒐錄在他的星表中。

　　肉眼看來，它只是大約2個滿月大小的模糊光影，但透過雙筒望遠鏡，便可見到一對輝亮且各自獨立的星團。雙星團中，靠左（西）的叫做NGC 869，右邊的則是NGC 884。2個星團之間相距300光年，距離地球將近7,000光年。

　　我已記不清自己第一次找到的是哪個星座，但我猜想應該是獵戶座（難易級別1）。只記得當時是在十二月晚間，我隔著臥房窗子看見它腰帶上的3顆星斜掛在鄰居屋頂上，那畫面至今仍歷歷在目。

　　我們得謝謝這3顆排成一線的醒目恆星，讓世人幾乎都找得到。它們除了被稱作獵戶座腰帶，也有「三位瑪麗雅」（Three Marys）、「彼得的手杖」（Peter's Staff）、「量尺」（Yardstick）等別稱。此外，獵戶座正好橫跨天球赤道（celestial equator，地球赤道向上延伸到太空中），因此地球上幾乎人人都能看見這個最為出名的星座。在赤道地區，這3顆星高掛在人們頭頂正上方；在中緯度地區，它則位在地平線到天頂之間一半的位置；而在極地區，它則低掛於地平線上。

　　獵戶座腰帶上的每顆星各有其名。最東邊的參宿一（Alnitak）和最西邊的參宿三（Mintaka），在阿拉伯文中都是「腰帶」之意，而位於中間的參宿二（Alnilam）則譯為「珍珠串」，在阿拉伯文中亦用來指稱整條獵戶座腰帶。3顆星都屬「大質量恆星」（massive star），亮度分別是太陽的90,000倍到375,000倍。

▲ 對北半球的觀星者而言，獵戶座在冬季星空的地位無可取代。11月入夜時分就能看到它在東方天空升起。星座中的獵戶腰帶永遠令人印象深刻，也是用來找出諸如金牛座和大犬座的絕佳工具。照片提供者：鮑伯‧金恩

　　天上許多人們熟知的圖案，好比夏季大三角和水瓶，都是由廣大天穹中遠近不一的恆星湊巧排列出來。獵戶座腰帶三星也一樣，參宿一距地球800光年，參宿二和參宿三則分別是1,340光年和915光年。雖然它們也能算是鄰居，但畢竟不像畢宿星團與昴宿星團中的恆星那般彼此息息相關。細看之下，你會發現腰帶三星並非位在同一條直線上。參宿二看來稍微「下陷」一點，讓整體看來沒那麼對稱。

　　觀察練習：獵戶座腰帶不但是天上最吸睛的星群，還是找出更多亮星及所屬星座的好工具。想像有支箭矢射穿腰帶，便會一路飛向金牛座的畢宿五。將此箭矢朝相反方向射去，則可直抵天際最亮恆星天狼星，也就是大犬座的α星。

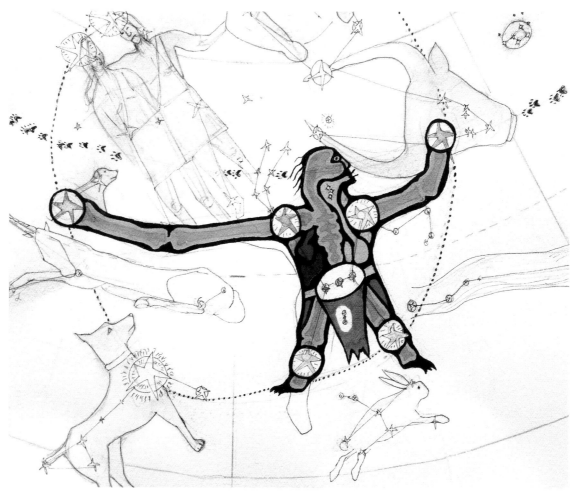

▲ 我們今日所沿用的88個星座，都取自歐洲和中東傳統，不過許多文化都擁有自己的詮釋，比方說印第安奧傑布瓦族人就把獵戶座視為「造冬者」（Wintermaker）。圖中顯示的，是安妮特·李（Annette Lee）、威廉·威爾森（William Wilson）和卡爾·高博（Carl Gawboy）在2012年的創作〈奧傑布瓦星空圖〉（Ojibwe Sky Star Map）。

　　獵戶座腰帶就位在獵戶座（難易級別1）主輪廓大矩形圖案的中心點。獵人左肩的紅色光芒發自超紅巨星參宿四。自從麥可·基頓（Michael Keaton）在電影《陰間大法師》（Beetlejuice，為參宿四Betelgeuse同音詞）裡所扮演的瘋狂驅魔師造成轟動後，參宿四幾乎變得和半人馬座南門二同樣出名。參宿四的阿拉伯文原名大意為「命運女神之手」（the Hand of Al-jauza），然而歷經多年的誤譯訛傳後，原本帶女性特質的參宿四如今卻成為獵戶座星群的一顆恆星。它距離地球643光年，發出的光芒強如10萬5,000顆太陽，若是把它碩大無朋的星體放在太陽的位置，幾乎會碰到木星。

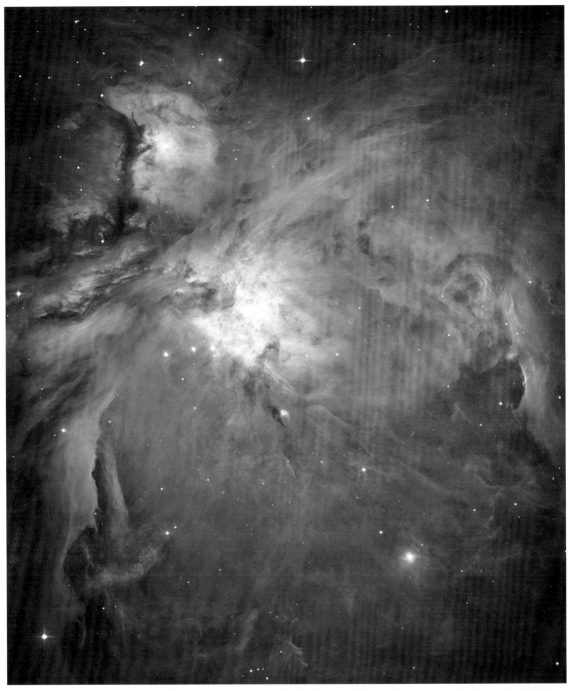

▲ 獵戶座星雲如同礁湖星雲，也是數百顆新星從中誕生的恆星孕育場。在遙遠未來的某一天，星雲裡的恆星終將吹散所
有殘餘星塵與氣體，並且發展成如同蜂巢星團或昴宿星團的恆星團。照片提供者：NASA、歐洲太空總署、M．羅貝多
（M. Roberto），及哈伯太空望遠鏡獵戶座寶藏計畫小組

參宿四的龐大身形引人矚目，使它成為第一顆被人類特意安排測量大小的恆星。在哈伯太空望遠鏡近期拍攝的照片中，參宿四看來並非球體，而是外表布滿「熾斑」的橢圓形。終有一天，這顆已燃燒過頭的恆星氣囊會耗盡所有核燃料；屆時，它會先向內崩塌，再向外炸開，發生燦爛無比的超新星爆炸。爆炸時間說不定就在今夜、下星期，或1,000年後。不過別緊張。地球離它夠遠，遠得足以避開爆炸的衝擊。那一日到來時，參宿四將發出凸月時的光芒！不妨想像走到戶外看見自己被星光照出影子的畫面。

參宿七（命運女神之足）是顆耀眼的藍超巨星，位於參宿四的斜對角。儘管目前它的亮度強過獵戶座的α星參宿四，卻被歸為獵戶座β星。或許這是因為參宿四在6個月～6年的多種周期裡，亮度會在+0.2星等和+1.1星等之間變化，所以有時會比參宿七更亮。如果你養成定期觀星的習慣，並拿它與附近小犬座南河三（+0.5星等）及金牛座畢宿五（+1.1星等）的亮度做比較，就有機會領略這顆超巨星的明暗節奏。

觀察練習：即便你身處郊區，也能輕易辨識出獵戶座的長方形輪廓。要是天空夠黑的話，還能看見星座其他部分的輪廓，讓它的獵人形象更加傳神，包括參宿四北邊一串呈弧形的恆星所排出的棒子，還有參宿四以西（右邊）1.5個拳頭處、大約10幾顆恆星所組成的盾牌。

如同獵戶座腰帶，自獵人身軀向外畫出的線條可帶我們走到幾個新地方。沿著從參宿七畫向參宿四的對角線繼續往上量5個拳頭，你會和雙子座的北河二與北河三碰面。從參宿五畫條線橫切星座上半部通過參宿四，會直接指向小犬座的1星等亮星南河三。

告別獵戶座前，你還會想看一個不太起眼但別具意義的天象。在黝暗的夜晚時，瞥向獵戶座腰帶下方，高度只有1根小指寬（1°）的地方，尋找由3顆較暗的恆星所譜出的三重奏——那便是獵戶座配劍。透過直視法與側視法，細細查看位於中間的那顆「星星」。看來有點模糊，對嗎？

歡迎來到獵戶座星雲，它是離地球最近、最大的星體孕育場。

天文望遠鏡下，只見1,344光年外的這顆茫昧小點，頓時膨脹成氣體與塵埃繚繞的溫床，寬度足有24光年，幾乎等同地球到織女星的距離。霧氣朦朧的星雲之中，藏有數百顆剛誕生的恆星，當中只有少數幾顆年紀夠長，已然吹散襁褓時的星塵，以閃亮的新生太陽之姿嶄露頭角。天文學家使用能穿透星塵且極為敏銳的大型紅外線天文望遠鏡，在星雲間找到了大約2,000顆初生的恆星。星雲中央有4顆恆星形成驚人的四合星，稱為「獵戶座四邊形」（Trapezium）。在雙筒望遠鏡中，這4顆星在星雲裡看來就如同一般恆星所顯示的小點，據估計它們從誕生至今只有30萬年；換言之，獵戶座四邊形星群在天上繁星間僅算是牙牙學語的幼童。按恆星的標準來說，它們簡直年輕得難以置信。反觀我們的太陽才剛剛歡度45億歲生日。什麼——你竟然沒收到邀請？獵戶座四合星向外釋放紫外線，加熱星雲中的氫和氧等氣體，使其發出淡紅綠色的螢光。

整個獵戶座星雲在重力作用下，將塵埃與氣體扭擰成新星。星雲演變成星團的進程緩慢而

穩定，猶如許久以前七姊妹星團、蜂巢星團和畢宿星團形成時一般。我們的後代子孫或許有幸目睹此一盛事。眼下，你可挑個天空清澈的夜晚，為自己找出這個恆星孕育場。

至此，我們已見過所有為冬夜帶來璀璨華麗的亮星，現在我們將其全部串進一個大星群中，讓它們在天上的位置和名字在大家腦海裡留下深刻印象。此刻，容我替你引見「冬季六邊形」（Winter Hexagon）。

▼ 冬季星空上數個晶亮珍寶，串連成一個稱為「冬季六邊形」的巨大星群。你可在1月～3月的南方天空找到它。圖片提供者：鮑伯‧金恩；來源：Stellarium

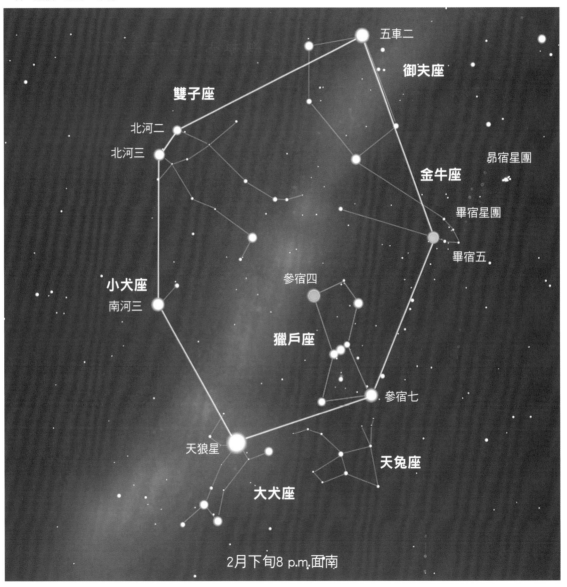

▲ 將這張冬季六邊形的照片與前頁星圖做個比較。這個六邊形涵蓋了六個星座和冬季星空的大多數最亮恆星,所占範圍高6個拳頭,寬4個拳頭。真是大得不得了!照片提供者:鮑伯.金恩

觀察練習：冬季最亮的9顆星中，有7顆組成一個巨大六角形的各邊，這個六角形有6個拳頭高，4個拳頭寬（60°x40°）。它在獵戶座攀至南方高空時看得最清楚。從參宿七著手，向下連到天狼星，再往上牽至南河三，通過雙子座的北河二與北河三，繼續前往位於天頂的五車二。接著向下垂降至畢宿五，最後返回參宿七。至於參宿四就只好顧影自憐了，因為它被六邊形給關了起來。

　　天狼星是大犬座主星，又名「犬星」（Dog Star）。天狼星在美國及加拿大的絕大地區，都從末升到天空中較高處，因此比起其他像是御夫座五車二與牧夫座大角等亮星，它發出的光所需穿透的地球大氣更厚。穿越較多空氣，代表它的星光會顯得更加閃爍。因此，你經常會看到犬星如同國慶煙火般，在冬天與春天傍晚時的夜空中閃爍不定。

　　說到狗，我家愛犬山米還年輕時，最愛在月色皎潔的冬夜追趕白靴兔。當牠專注於狩獵時，我的目光往往會瞥向天空，尋找那隻在獵戶座腳底築巢的兔子天兔座（Lepus）。

▼ 雄糾糾的獵戶座腳底潛藏著天兔座。獵戶座於南方天空穿越子午線時，是觀賞此黯淡星座的最佳時機。圖片提供者：鮑伯．金恩；來源：Stellarium

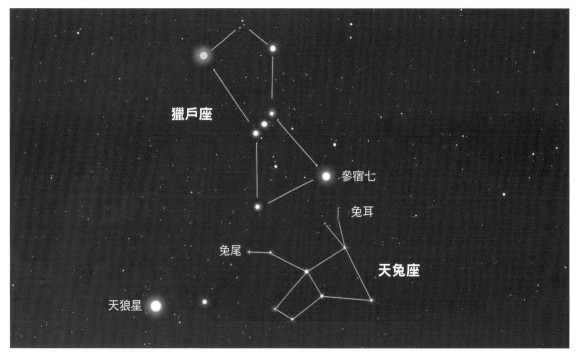

▲ 大熊座南邊的3對恆星組成了一個古老的阿拉伯星群「瞪羚三躍」（Three Leaps of the Gazelle），它們看起來像星空中的三對蹄印。照片提供者：鮑伯·金恩

我們抬頭看著月球，彷彿看見一個保存在太空真空環境中的巨無霸化石。大部分的地球表面都經歷了無數地殼板塊推擠，受到風與水、重力及寒冰侵蝕，早已改頭換面，反觀今日的月球卻仍保持著它30～40億年前的樣貌。沒錯，它是多了點「比較新」的隕石坑，例如，被一顆大隕石撞鑿出來、寬達85公里的「第谷坑」（Tycho），撞擊時間發生在「僅」1億900萬年前，不過絕大部分的月球看起來並未改變。

月球表面儘管年代非常久遠，卻也逃不過侵蝕的命運。月球上幾乎沒有大氣保護，數十億年來受到微隕石轟擊和太陽風吹襲，原本尖銳凸起的地貌早已磨成棉花糖般的平滑輪廓，正如阿波羅登月太空人和環月探測器傳回照片中所見。阿波羅二號登月太空人伯茲·艾德林（Buzz Aldrin）曾以「壯觀的荒涼」來形容眼中所見的月球。

在上弦月發展至滿月的過程中，月球的受光面愈來愈大，以地球視角看去，明暗界線會從一條直線變成凸線（朝左方，也就是東方凸出）。上弦月和滿月之間的月相就叫做盈凸月。在我看來倒像是顆蛋，然而盈凸月的英文Gibbous，其字源在拉丁文意為「駝峰」。時逢盈凸月，映入眼簾的是愈來愈多的月海，也就是撞擊坑被地殼下的熔岩填平後的區域，再過2星期，新月將臻至滿月。

月球上的兔子

新月會與太陽一起下山，14天後月圓了，卻翻轉180°跟太陽遙遙相對，等到日落時才自東

▼半月（或稱上弦月）後，月相便開始朝滿月發展，而月球表面陽光推進的前線（明暗界線）也漸呈圓弧狀。上弦月和滿月之間的月相，叫做盈凸月。照片提供者：鮑伯·金恩

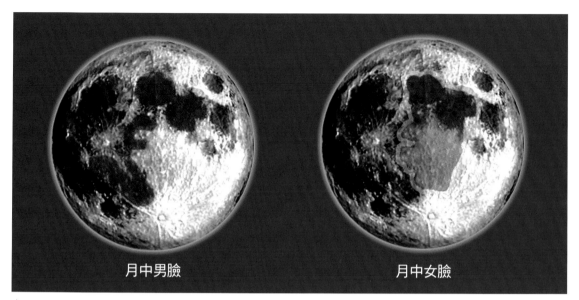

▲ 從月球表面找出圖案是非常有意思的。月中男臉的雙眼彷彿正從月海坐落的位置盯著你瞧。你也可以將幾個月海和月球高地連在一起，想像出一張月中女臉。照片提供者：Starry Night

方地平線上探出頭來。我喜歡把這兩位老兄看成老式蹺蹺板——太陽一下沉，月亮就升起。幾小時後，當太陽再度升起，月亮便從西方落下。亮晃晃的滿月光可鑑人。冬夜時分，明月升至天頂附近，地上覆滿白雪，這時，炯炯月光足以讓你把停車號誌牌、路邊青草地，甚至身上外套的顏色，全都看得一清二楚。這是種難以言喻的體驗，下回月圓時你不妨四處走走，看看月光是否能夠觸使眼睛裡的色彩感知細胞發揮作用。

你有過在洶湧雲層中看見一張注視著你的人臉的經驗嗎？還是說，你曾在玉米餅上看見耶穌聖像？人類有個長處（有時也是弱點），便是能從眼前景物的隨機紋理跟特徵中聯想出一幅構圖，這種心理現象稱為「空想性錯視」（pareidolia）。我想我自己的空想性錯視問題就相當嚴重，因為至今我仍不時從毛巾和地板上看見人臉盯著我瞧。人類發生空想性錯視的情形無所不在，時常會無中生有地看到熟悉的圖案，然而面對一輪滿月時，這倒是種令人愉快、無傷大雅的樂趣。

輪到你來發揮了。看得見月中的男臉嗎？像我就把寧靜海與晴朗海看成了雙眼，月球高地上的殘礫是他的鼻子，風暴洋（Oceanus Procellarum）則像是血盆大口。有人又將月海與月球高地組成較另類的人臉意象。換一張月中女臉如何？你需要用點想像力，在腦海裡將黝暗的月面轉換成女性臉龐，讓她擁有一頭1940年代的髮型，再為她別上輝亮的鑽石胸針。月中玉兔則是來自東方民間傳說，是把月球頂部或北邊的月海串連起來所勾勒出的圖案。那麼月球上真有兔子嗎？噢，算是吧。大陸以其重要的神話角色玉兔，將其探月車取名為「玉兔號」，它於2013年12月降落月球，在月球表面分析月球土壤。所以，在此刻以及未來很長一段時間內，月球上算是有隻機械兔子吧。

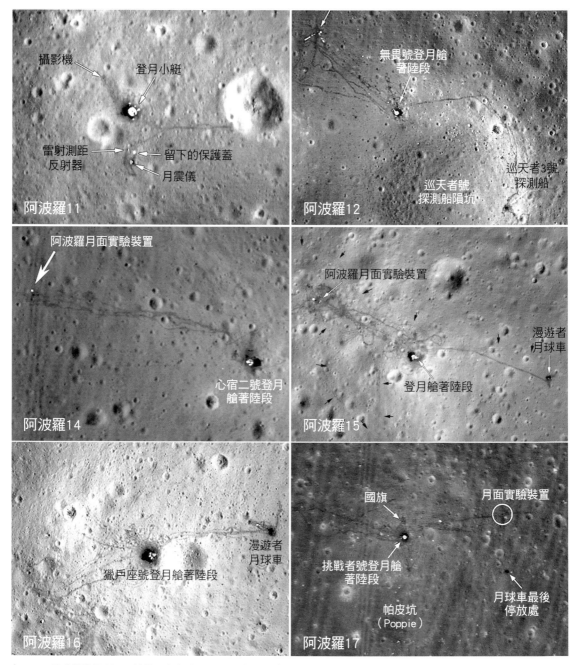

阿波羅11

攝影機　　登月小艇

雷射測距　　留下的保護蓋
反射器　　月震儀

阿波羅12

無畏號登月艙
著陸段

巡天者號
探測船隕坑

巡天者3號
探測船

阿波羅14

阿波羅月面實驗裝置

心宿二號登月
艙著陸段

阿波羅15

阿波羅月面實驗裝置

登月艙著陸段

漫遊者
月球車

阿波羅16

獵戶座號登月艙著陸段

漫遊者
月球車

阿波羅17

國旗　　月面實驗裝置

挑戰者號登月艙
著陸段

帕皮坑
（Poppie）

月球車最後
停放處

▲ NASA月球軌道探測器可辨識月表上小至0.5公尺寬的物體，它分別對阿波羅共6次的登月著陸點做近距拍攝，細節揭露於
上圖。軌道探測器在高僅21公里的空中清楚辨識出各個登月艙著陸段，甚至太空人的漫步軌跡也能看到。這都是哈伯太空
望遠鏡看不見的東西！照片提供者：NASA／戈達德太空飛行中心（GSFC）／亞利桑那州立大學

長久以來，人們試著解釋發生錯覺的原因。縱然大家知道這是因為人類習於辨識地球事物，便以相同視覺機制感知天體，但詳細原因仍然令人迷惘。那麼究竟是怎麼回事呢？

　　在日常經驗裡，抬頭所見景物，譬如頭上飛過的一隻鳥或一架飛機，會顯得比較近，而此時它們也的確距離我們比較近，所以看上去要比同樣的鳥或飛機在接近地平線時來得大。我們的認知中，地平線附近的景物（通常）就是要比出現在頭頂上方的更為遙遠，因為它們遠在前景地物的後方。然而，月球、太陽或星群這些天外星體，無論它們是出現在地平線上或天頂，大小都不變，會看起來不同是因為我們缺少正確的參考點。所以當我們觀察地平線上的月球時，會看到它明顯位於所有地表景物後方，大腦便斷定它比在頭頂上方時來得遙遠。大腦會為這種視覺感知做出補償，製造較大的月球意象。就某種意義來說，大腦迫使月球膨脹到我們心中期盼的大小。

　　而這項認知又被另一種認知進一步強化——我們對天空形狀的認知。大多數人抬頭時的印象是，天空是平坦的，天頂離我們相當近，而地平線則位於遠方。於是我們的大腦曲解了月球的距離，以為地平線上的月球比它在頭頂時來得遙遠許多，因此再度迷失在大小認知中。認為天空是平坦的，或許可以解釋何以有些民航機駕駛在只有地平線可供參考時，會回報他們看見低空中有顆碩大無比的月球。

▼一輪滿月自加州聖荷西市附近漢彌爾頓山（Mt. Hamilton framing）利克天文台（Lick Observatory）背後升起，景象令人嘆為觀止。這幀照片是透過天文望遠鏡所拍攝，當月球升起、落下，有時看來這般巨大。照片提供者：瑞克・包利齊（Rick Baldridge）

▲ 我們看到的月球大小，取決於它與周遭景物的相對關係。多數人會覺得上圖中的2個月球，位於延伸至遠方鐵軌上方的月球要比下面那顆月球大。然而，圖中的2顆月球其實一樣大。此現象即所謂龐佐錯覺，是義大利心理學家馬力歐‧龐佐（Mario Ponzo）於1913年發現。抬頭賞月時，遠方樹木、房舍及景物特徵就好比圖中無限延伸的鐵軌。照片提供者：NASA

　　每天早晨一睜開眼睛，大腦便開心地製造強大假象。回想一天當中我們所見到的各式長方形和正方形物體。除非你是從正面直視它們，否則眼中所見應該都是不規則的四邊形。但真的是這樣嗎？才不呢——在我們大腦中，它們仍然都是正方形和長方形，即使你是從物體側邊做近距離觀察。太離譜了！

　　更絕的是，上升中的月球確實比它在天頂時還小1.5%，因為此時我們隔著一個地球半徑的距離（略小於6,437公里）看著它升起。當月球抵達天頂附近，我們便能直視天上的月球，中間不再有地球擋著。或許我們應該同時搗碎認知距離、直覺中的天空形狀，和龐佐錯覺，以便克服觀月時的錯覺。

　　至於其他相關說法多如牛毛，但也印證了人們尚未找到徹底解決錯覺問題的辦法。接下來的幾天晚上，你該親眼觀察看看自東方地平線升起的白色月亮。

觀察練習：先找一個視野中景物錯綜的地點觀月，再換個景物單純的地點，在那裡你應該可以輕鬆用手遮去視野中的景物，只留下貼近地平線的月球，然後比較你對2個觀月地點的印象。在2個視野中，月球變大的程度是否一致？等月球高掛天上時再次觀察，並回想它升起時的大小。它是否明顯地變小了？

觀賞超級月亮

　　有別於月球錯覺，在另一種情況下，月球看起來也會比一般滿月時大，叫做超級月亮。超級月亮發生在月球離地球最近，且湊巧又碰到滿月的時候。月球運行軌道並非圓形，而是橢圓，且地球又偏向橢圓軌道中的某一端。

　　在月球繞地球運行的27個軌道日中，離地球最近的距離為356,390公里（此時稱為近地點〔perigee〕），最遠時則為406,721公里（遠地點〔apogee〕）。對地球來說，月球在近地點時，看來要比它在遠地點的位置大14%，亮度也高30%。但我們真能區分出來嗎？

▼ 月球在橢圓軌道上公轉的27天當中，離地球時近時遠，因此我們看見的月球大小也有所不同。當月球最靠近地時（近地點），並正值滿月時，就叫做超級月亮。照片提供者：詹姆斯·夏夫（James Schaff）

月球的近地點、遠地點比較

近地點
距地球351,643公里
2009年1月9日

遠地點
距地球403,947公里
2008年5月20日

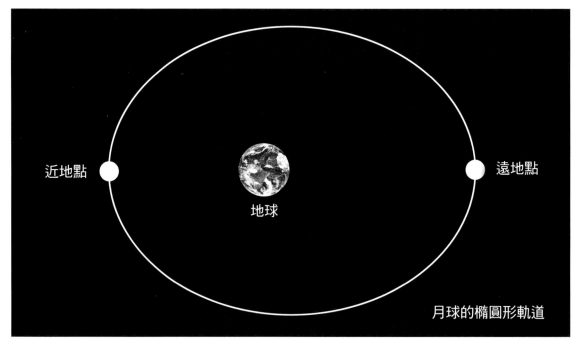

▲ 月球繞地球公轉時，與地球的距離大約在356,390～406,721公里之間，平均距離為384,600公里。圖片提供者：鮑伯・金恩

　　這個問題有點微妙，因為我們無法同時拿另一顆月球做比較。以下是德國業餘天文學家丹・費雪（Dan Fisher）建議的作法：「重點在於，別費心一直注意月球動向。我的『方法』（我也如此找出差異）就是別去管月球目前在軌道哪個位置，每當一有發現，就查看數據，可說百發百中。」我們姑且把這個方法稱為「臥底觀察法」（Covert Method）。你可隨時透過「月球近地點及遠地點計算器」（Lunar Perigee and Apogee Calculator，網址http://www.fourmilab.ch/earthview/pacalc.html）來查看自己是否猜對了。

　　問題是，近地時的月相也可能會是娥眉月、上弦月及超級盈凸月，但一般人根本不會察覺，因為此時的月相都不如超級月亮炫目。

穫月之樂

　　之前曾大致提過穫月，現在讓我們仔細看看它有什麼特別之處。所謂穫月，指的是最靠近秋分點，也就是北半球進入秋天時的滿月。月球每天向東移行一個拳頭的位置，因此平均來說，每天的升起時間會比前一天晚50分鐘。但這又視月球軌道與東方地平線間夾角大小而有所出入，時間可能從25分鐘到超過1小時不等。兩者間的夾角頗大時，月球便需要花上更多時間才能攀至地平線升起。

　　當月球軌道與地平線之間的夾角變小或快要貼平時，一般常見於9月和10月的滿月期間，這時，連續兩晚間月出的時間僅相差20～30分鐘。對一般賞月者來說，會感覺月亮好像一連幾

晚都在相同時間升起。這正是穫月期間的現象。農民們也樂得在此期間利用額外的月光來採收作物。

6個月後到了春天，情形就完全相反，此時月球軌道與地平線之間的夾角較大。雖然兩個季節中，月球向東移動的距離相同，但它在春季運行時傾斜度極大，因此每晚沉入地平線下方的程度，都比秋天時更深。春天時，當月球在每月繞地球公轉中出現滿月時，會繼續向東偏南運行，抵達它在天空的最低點。這時我們若從北半球觀察，會發現月出的時間一天比一天晚，因為它的偏南運動拖長了次日爬升至地平線的時間。相反地，在秋天，月球向東公轉時會往北偏移，前往它位於黃道最高點金牛座的位置，於是每晚升起的時間只比前一晚稍微延遲。

我們討論到黃道與地平面的仰角會隨季節而變化時，你大概早已發現冬天時的滿月在天空中的位置要遠高於夏天時。冬季的太陽位於黃道最低點人馬座的位置，即使到了中午，它在天上的位置也只略高於樹梢。理論上，由於滿月時的月球位於面對太陽的另一端，所以冬天的滿月便占據了黃道上的「制高點」，而這正是太陽在夏天時的位置。難怪冬季月分的滿月爬得那麼高！

到了夏天，太陽高掛，滿月時的月球只好退守到人馬座的茶壺邊，也就是黃道上最低處。夏天時，出現於低空的月球受大氣影響，經常染上一層紅橙色澤，這正是我們接下來要談的話題。

▼ 在9月分的穫月期間，月球軌道相對於地平線的夾角很小，所以月球每天升起的時間只比前一天晚了大約半小時。春天剛好相反，月球軌道仰角極高，因此月球沉落到地平線下的位置也一晚低過一晚，導致每天月出的時間都比前一天晚了約1小時。圖片提供者：鮑伯・金恩；來源：Stellarium

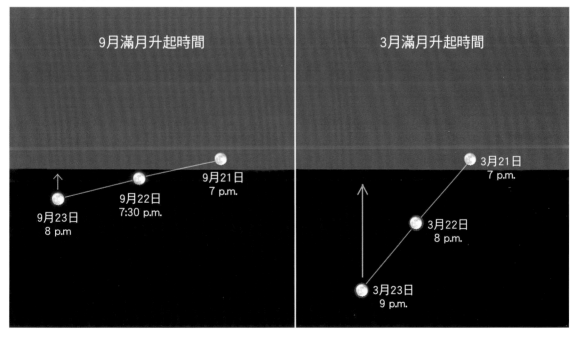

一顆壓扁的柳橙

我們曾在學校學到，白光中含有彩虹的各種色彩：紅、橙、黃、綠、藍、靛、紫。這裡提供不透過稜鏡也能看見藏在白光裡的色彩的方法：打開手電筒，將光線照向一片光碟，注意它反射出的光芒。你會看到至少6道彩虹光斑，每道光斑的兩頭分別是紫色與紅色，中間則呈現出其他顏色。

可見光的波長非常窄，大約只有0.0005公厘寬。空氣分子雖然也相當細小，卻大到足以讓陽光中的藍光在天空中散射開來，所以我們看到的天空是藍色的。日落、日出時，陽光穿透最低空處、也是大氣最濃的位置時，綠光和黃光便會被空氣、灰塵以及空氣裡的鹽分與煙霾分子彈開，於是只留下橙光及紅光為太陽及其周遭天空上色。月球也有類似效應。

當天色特別朦朧，我們會欣賞到色彩鮮明的紅色月出景象。若天空格外清澈，出現的則是黃橙色月亮。一旦月球高於低空中最濃密空氣層上方約一個拳頭處，會先淡化成黃色，接著很快又會恢復原有的白色，並泛出空氣中散射的些許藍光。不同於光碟，月球並非由高反光物質構成。根據阿波羅登月太空人所說，月球塵土顏色黝黑，可用地球上的木炭來比喻。下回你在鋪了柏油的停車場停好車後，下車看看四周路面——那就是月球上的顏色！我們這顆月球衛星之所以看來明亮，是背景中更深暗的太空襯托出來的效果，同時也因為眼睛適應黑暗之後，發揮了夜視功能所致。

▼ 光線穿過稜鏡會折射出彩虹般的各種光芒。其中紅光彎折的角度最小，藍光則最大，正如彩虹中的水珠發揮稜鏡功能將各色光芒依序排開。照片來源：維基百科

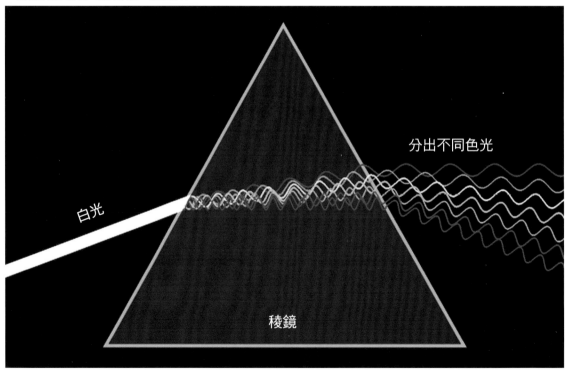

分出不同色光

白光

稜鏡

月球升起時所呈現的驚人扁圓狀是怎麼回事？那是因為光線在地球大氣中折射或彎曲所呈現的效果。當光線從一種介質傳遞到另一種介質時，便會發生折射。其中一個經典的例子，是鉛筆插在一杯水裡看來像是「折斷的鉛筆」。我們隔著空氣看上半截鉛筆，隔著水看到水中的下半截。在空氣與水交界的地方，光線會被密度較高的水介質朝著略微不同的方向彎曲或折射，使得鉛筆看來彷彿斷了。

當你朝地平線望去，目光所穿過的最厚實或濃稠的最底層大氣，就猶如杯中的水。從緊鄰地平線的空氣層往上移動僅1根小指的寬度，空氣也會稀薄許多。於是，月球的下半部被靠近地平線稠密的空氣折射，或「墊高」到了月球的上半部，而那裡因空氣較為稀薄所以折射較弱，於是兩個半球在視覺上被擠壓在一塊兒，形成了經典的橢圓形月出。

隨著月球愈爬愈高，視線所及處的空氣愈來愈稀薄，最後折射效應變得微不足道，扭曲的景象也跟著消失。在這過程裡，月球只有10或15分鐘看來像個起士漢堡，隨即便回到大家眼熟的圓形。如果不想錯過漂亮的月出，不單需要悉心規劃，也要靠點運氣。你可隨時造訪Timeanddate.com網站（http://www.timeanddate.com/moon/），輸入你的城市名稱，查出你所在地點的月出與月落時間。記得要選個面向東方地平線的開闊地點，並且要比月球早15分鐘左右就定位。

觀察練習： 你有雙筒望遠鏡嗎？它所提供的額外放大倍率，可幫助你觀察到月球升起時空氣造成的其他樣貌變化。注意月球自地平線升起時，邊緣出現一些奇怪的漣漪，而穿過層層空氣的月光也使月球形體顯得扭曲。你還會發現月球邊緣綴飾著或綠或紫的光影，那是因為空氣如同稜鏡，將不同色彩從月光中分離出來。

影子才懂的事

誰想得到月球只不過是走在地球的影子裡2小時，竟然發生了肉眼觀星中最令人驚嘆的天文奇景之一？我們現在要來談談月食。平均來說，1年會發生2～3次月食。發生日全食時，地球上只有位在寬約193公里的狹窄帶狀地區的人才能看見，而大部分月食在任何抬頭可見月亮的地區都能看到，範圍遍及大半個地球。

滿月時，太陽、地球和月球必須排成一直線，才會出現月食。當上述情況發生時，月球正好運行至地球背後，進入地影中。地球的影子拋向太空，就跟樹木的影子落在地面一樣——但有一點不同。因為地球是個球體，所以影子也是圓的。月球進入地影後，就照不到陽光了。這時，我們會觀察到地影的弧邊從月球的一側慢慢侵蝕進去，如同你在餅乾上咬出弧形缺口一般。即便古希臘人也曉得地球必然是個球體，因為月食發生時，投射在月面的影子呈圓弧形，而不是其他形狀。地球的影子可分為內外交疊的兩個部分——內圈的「本影」（umbra），在此處太陽會完全被地球遮蔽，以及外圈的「半影」（penumbra），這裡只有部分陽光被遮住。半影摻雜著陰影跟陽光，所以暗度遠不及本影。每當月食發生，月球會先經過半影，然後才進入本影。前半個小時左右，你會先看到半影中的月球，接著才開始進入本影，月食結束後，月球又有近半個小時呈微暗狀態。

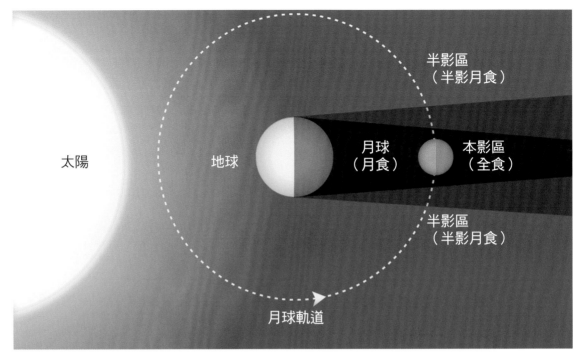

▲ 當太陽、地球和月球正好排成一直線，同時也是滿月時，才會發生月食。月球滑進地球背後的陰影後便會發生月食，要過了幾小時後才能再度照到陽光。如果三者排出的線條只是趨近直線，我們見到的就是月偏食。在大多月分，月球軌道的斜度使它在行經地影時，會或北或南地偏離幾度，因此不會出現月食。圖片來源：Starry Night

　　半影月食可說是我們的月球衛星進入本影區前的暖身秀。儘管月球公轉速度達每小時3,540公里，但要橫越地影，少說也得花上幾小時，所以大家有充裕的時間輕鬆欣賞月食。

　　月球進入本影區半小時後，半個月亮被陰影遮蔽，另外半個月亮在半影濾過的陽光下仍然明亮。這時你如果仔細觀察，會發現位於本影區的半個月球開始泛紅。月偏食出現之後1小時，月面只會剩下一條眉月狀小彎鉤依舊能照到陽光。當你看著最後這一小絲陽光照亮的月球隱入地影，奇景就要發生了。注意看，月亮並沒有消失！假如地球上沒有大氣，它的確會消失，但當陽光經由地球大氣折射、彎曲後投入陰影當中，便會將月球染成紅銅色。

　　為什麼是紅的？想像自己在月全食時站在月球上遠眺地球。從那兒所看到的，是太陽被地球遮蔽的日食景象，只見陽光在地球周圍以極低斜的角度探出。這正是日落或日出時我們所見，斜陽低照、幾乎貼到地平線時的場景。此時，月球上的太空人便會在日出、日落時看見太陽在整個地球邊緣鑲上一圈烈焰般的冠冕。來自這頂火紅圓環的光芒灑落在本影區內，讓月球看來紅得詭譎。令人神魂顛倒！

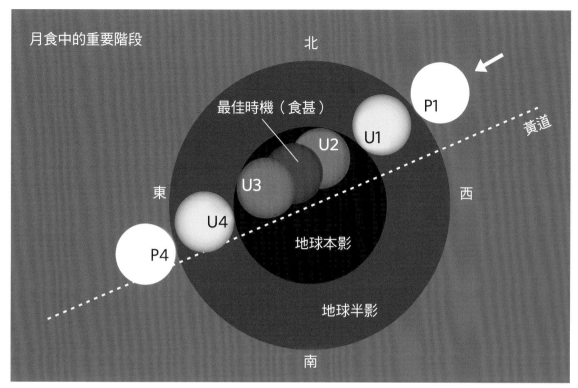

月食中的重要階段

北

最佳時機（食甚）

U2　U1　P1

黃道

U3

東　　西

U4

P4

地球本影

地球半影

南

▲ 地球的影子分成2部分：深暗的內層本影將太陽完全遮住，以及可讓部分陽光穿透的外層半影。半影一般不太會被注意，要等到整個月球進入其範圍後才容易分辨。一旦觸及本影，月亮被內層地影咬出的黑色「缺口」馬上清晰可辨。圖中的英文字母及數字用來標示月全食中的階段。P代表半影，U代表本影。圖片來源：Starry Night

　　在月球逐漸被本影吞噬之際，看看四周及天空。一片黑暗中，萬物顯得更加陰森恐怖。當月全食發生，原本照亮後院、淹沒天上繁星的月光已然消散。黑暗再度降臨，暗月無光時的壯麗星空也隨之重現。月隱星現的景況美得出奇——你不禁發自內心感嘆行星與衛星間的宏偉互動。在這短短幾小時裡，你也加入了3個排成一線的天體，在整齣戲中摻上一角。你彷彿置身其中，和運行中的天體一起飛行，此時我們再度想起，大家都在宇宙中一起遨遊。

　　你不需要光學設備便能欣賞月食，但天文望遠鏡或雙筒望遠鏡能讓你看到整個月面上的各種繽紛色彩，並捕捉到緊挨著月球邊緣的恆星，一般來說那是滿月時絕對看不見的。月全食的時候可特別留意月面的顏色。有時它呈現明亮的橙銅色，有時又是黯淡的棕色，這取決於當下空氣中出現多少懸浮微粒，像是鹽粒、水氣，或火山灰。因此，我們能從月食判斷出當下的空氣品質。記得在月全食發生時，可以上網跟業餘或專業同好一起討論月球的顏色與亮度。

　　並不是每次月食都能成為月全食。有時，月球僅掠過部分本影，我們就只看得到月偏食。還有些時候，月球根本不會靠得太近，只會通過半影區，隨即又被陽光普照。但各種景象都值得玩味。

▲ 2014年10月23日在明尼蘇達州杜魯斯市見到的日偏食，倒影映在附近島湖的湖面上。日食現象出現在新月從太陽前方通過時。如果此刻3個天體排成直線，則太陽會完全被月球遮住；若是月球向太陽中央以北或以南稍微偏移，我們就會看到日偏食。圖片提供者：鮑伯‧金恩

關於日食

　　雖說本書主要在探討夜空，但如果不談談日食，也實在說不過去。日食發生時，公轉中的月球運行來到太陽與地球之間，暫時遮住太陽。由於月球的公轉軌道側傾且呈橢圓，所以不是每次新月都能造成日食，平均而言，每年只會發生2～5次日食。

　　依太陽、月球和地球間形成的幾何關係，日食現象可能為全食或偏食。日偏食的現象較為常見，地球上可觀賞的區域也很廣，每隔數年便可在同一地點再次見到。日全食同樣會定期發生，但不論在地球上的任何地點都不容易見到，因為月球投射在地表的陰影頗為狹窄，通常寬度只有161公里。當月球在太陽前劃過，雖可在地表拖出一條長達數千英里的暗影帶，但相較之下，其寬度猶如一枝鉛筆，所以你往往都會錯過。平均來說，地球上某個特定城市或地點要每隔375年才會遇上一次日全食。

　　聽完了壞消息，現在來個好消息。北美和中美地區將在未來數十年間進入理想的日全食帶。還要再告訴你——日全食帶即將行經之處，全都是交通便利、可供周遭數百萬居民觀賞的

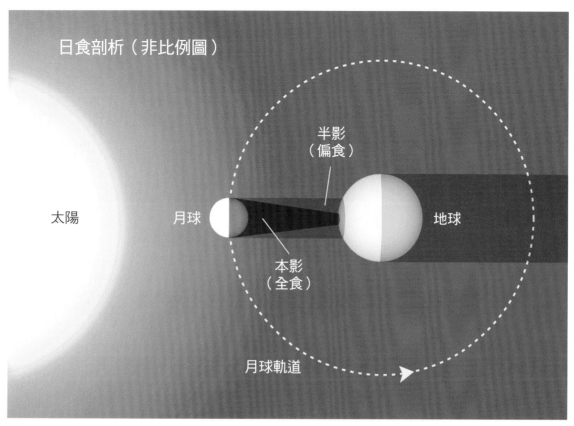

日食剖析（非比例圖）

太陽

月球

半影
（偏食）

本影
（全食）

地球

月球軌道

▲ 月球繞行地球的軌道側傾5.1°，當它處於新月時，多半會自太陽以北或以南通過，因此我們通常見不到日食。然而，月球與太陽及地球排成一線的機率每年平均2.4次，或許會從遮住我們視線中的部分或整個太陽形成日食。圖片來源：Starry Night

地點。到時候，無論你正忙些什麼，都要想辦法站在月球的影子下，親眼目睹太陽消失於移動中的月球背後此一極致的天文奇景。當黝暗的黑色月球圓盤滑至太陽上，有幾分鐘的時間，你可見到火紅的日珥（prominences，太陽表面噴出的熾熱氣流）與耀動的日冕（corona太陽大氣的最外層）。天空變得有如傍晚時那般昏暗，氣溫隨之下降。此時，光是周身幽暗光線營造的怪異感就令人毛骨悚然。在你結束此生，進入未知的世界前，至少要有一次觀賞日全食的經驗。嗯，也要透過天文望遠鏡，好好地瞧瞧土星一次。

　　2017年8月21日將發生下一次日全食，屆時從奧勒崗州海岸，一路橫越美國中央腹地至南卡羅萊納州，都能看到此奇景。由於發生時間是在仲夏之際，許多人都會在戶外活動，或許比較有空安排暑期旅遊，所以毫無疑問地，這次日食的觀眾將多達數百萬人。你可從下頁的圖示得知可以進行觀賞的地點及時間。記得造訪由邁可・賽勒（Michael Zeiler）維護的大美國日食網站（Great American Eclipse，網址：www.greatamericaneclipse.com），上面提供與此一盛事相關的所有必讀資訊。

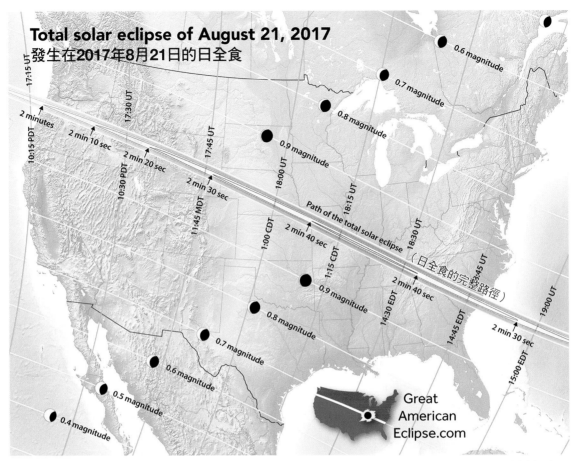

Total solar eclipse of August 21, 2017
發生在2017年8月21日的日全食

▲ 下一次在美國可看見的日全食將發生在2017年8月21日。圖中顯示這次的全食帶（月球陰影）路徑，將從奧勒崗州海岸開始，一路貫穿美國大陸中部後通往大西洋。沿著路徑標示的時間顯示日全食的時間長短，也是日全食過程中月球完全遮住太陽的最精彩片刻。綠線上標示日全食沿著路徑各點出現的時間，黃線則替偏離日全食帶的區域分別標示當地可見到的日偏食強度，即太陽會被月球遮掩的幅度。舉例來說：0.9的強度（0.9 magnitude）＝90%的太陽被遮住。你可看到，全美國以及加拿大與墨西哥廣大地區都會看見日偏食。想看到日全食，則須位於圖中黃色帶狀區或其鄰近區域。圖片提供者：邁可・賽勒／GreatAmericanEclipse.com

　　接下來，部分美國地區還有機會看到日全食，依序分別是2024年4月8日、2044年8月23日、2045年8月12日，和2052年3月30日（註：台灣下次日全食將發生在2070年4月11日，僅墾丁、蘭嶼可看到）。觀賞日食時，一定要特別注意，絕對不可直視太陽，除非太陽在全食中完全被月球遮住。若直視陽光，很快便能損壞你的雙眼，讓你的視力受到永久傷害。所以千萬別冒險嘗試。你應該在觀賞日全食的過程中全程使用安全濾鏡，配戴像是日食專用鏡片，或在你家附近的材料行找到電焊用的14號玻璃。

觀察練習：你可利用硬紙板製作一個簡單的針孔投影器，以間接方式觀測日食。想了解製作方法，可造訪舊金山探索博物館網站的「如何觀察日食」（How to View an Eclipse）頁面（www.exploratorium.edu/eclipse/how.html）。

我們回顧一下，滿月是在日落時升起。滿月過後，明暗界線搖身一變，成了日落的推進線，漸次逼退月球明亮的半邊，逐步形塑出下一個月相——虧凸月。或許你曾在晚上因為找不到月亮而氣急敗壞，這時可能正處於月虧期，人們多半沒能等它升起，便上床睡覺了。其實另有一個簡單辦法，讓你不需犧牲睡眠也能看見虧凸月和下弦月。我們印象中的月球雖是夜行生物，但有時它也會在白天現身。

8～10月是白晝觀月的季節，晨曦中不太費力便可見到下弦月或虧凸月仍在空中發亮。月球在晚夏至仲秋期間所走的路徑，是成就這場奇景的主因。稍早我們得知，月球和太陽在天空運行時都走在黃道面上，但各自的繞行速度有所不同：太陽走一圈需時一年，月球則為一個月左右。

8月時，太陽撤出初夏時占據的制高點，沿黃道面南移。每過一天，太陽都從天上向下沉落得更低些，最後在入冬的第一天降至南方天空最低處。隨著太陽沉落，月球則攀升到太陽原來所在的高點上。

太陽會在冬至當天抵達天空中最低位置，那也是初夏時滿月位於與太陽相對的另一邊時的位置。正當太陽隨秋天降臨而下沉，滿月則趁機愈爬愈高。

▼ 月圓過後，月球再度開始追隨太陽，晚上升起的時間一天遲過一天。自此時起，我們看到的月相順序與之前相反，分別是：虧凸月、下弦月、殘月。秋天早晨，太陽升起後的白晝，是窺探月虧期月相的理想時機。此時，月球一如數月前的太陽運行於黃道面最高處。照片中是從秋葉間捕捉到的月虧期月球影像。照片提供者：鮑伯・金恩

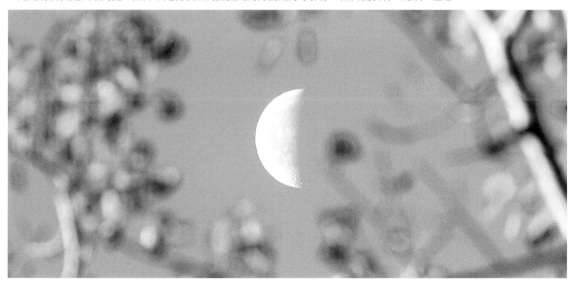

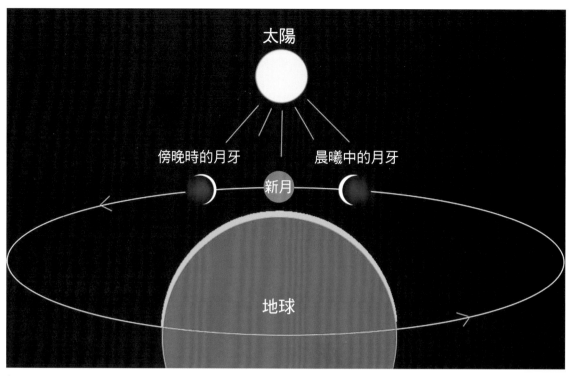

▲ 新月之前，早晨天空中的月球呈現細細一條彎向左側（月球西邊）的月牙，其餘月面則被地球反照所填滿。新月過後1～2天左右，月球已移至太陽另一側，這時我們看見它的右邊（月球東邊）被陽光照亮。圖片提供者：鮑伯‧金恩

▼ 假如月球不會自轉（下圖左），在它繞地球公轉天的27中，我們便能看到它的每一面。圖中藍色小人在月球的A位置時面朝地球，至B時則能看到他的左側，到了C則消失於後側，等到了D的位置時又可以看到他的右側。話說回來，月球的自轉（下圖右，紅色箭頭）周期與它繞行地球的周期相同，所以我們永遠只會見到它相同的一面。天文學家將月球這種運動特徵稱為同步自轉。萬一月球的自轉與公轉速度出現差異，我們便可在它的公轉周期裡看到它的每一面。圖片提供者：鮑伯‧金恩

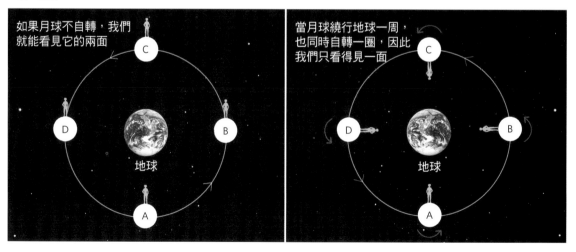

9月分的滿月雖然爬得比6月時高，但高度遠不及它在12月～1月時的巔峰。不過當秋天的滿月進入虧相時，也會朝著黃道愈爬愈高，並在9、10月出現虧凸月和下弦月時，到達太陽在夏季的最高點。此刻的月球位於天空高處，你在上班或上課途中可輕易見到。另一方面，晚夏和秋天的太陽較晚升起，也有助於提高虧凸月的可見度。到了9月，7:00或8:00 p.m.時的天空已不比6月時來得亮。較為低垂的太陽使得暗藍夜空變得更暗，月亮更加清晰可辨。

經歷了虧凸月，月出時間依舊愈來愈晚。等到下弦月形成，則是到了大約半夜才會升起，直到日出時仍高懸於南方天空。晨曦中一彎眉月潛伏在黎明時的地平線上，隨著天光放亮而升起，這時它的牛角指向西方，而非東方。月球繞地公轉永無休止，很快地又會重返新月，接著將再度出現在傍晚時分，重啟新的循環。

為何只能看見半個月球？

人們常會問的一個有關月球的問題，就是為什麼永遠只看得見它的一面。能看見背面嗎？不能，除非你成為登月太空人。

由於月球繞行地球和自轉的周期相同，因此面對我們的永遠是同一個半面。天文學家將此步伐一致的節奏稱為「同步自轉」；因為月球受到地球重力影響，自轉速度放慢至與其27天的公轉速度一致。因此，長久以來人類總是只能看見同樣一張月面人臉。遠古前的月球曾經運行得比較快。當時地球的古生物若有眼睛的話，或許曾在月相變化較快期間，見過所有月面。

迄今親眼目睹月球暗面的人類，只有阿波羅登月太空人。1968年，阿波羅8號太空人威廉‧安德斯（William Andes）在月球軌道上看見了月球暗面景象：「月球背面看上去就像是我家孩子玩了一會兒的沙堆。它傷痕累累、體無完膚，只不過是一大堆凸起和坑洞。」

▼ 由於月球在公轉中速度會有所變化，加上月球繞地球公轉的軌道略呈傾斜，所以事實上我們可見到超過一半的月面——大約是59%。但若想看到隕坑繁密、幾乎沒有月海的月球背面，就得搭乘太空船繞行月球或仰賴衛星傳回的照片。照片提供者：NASA

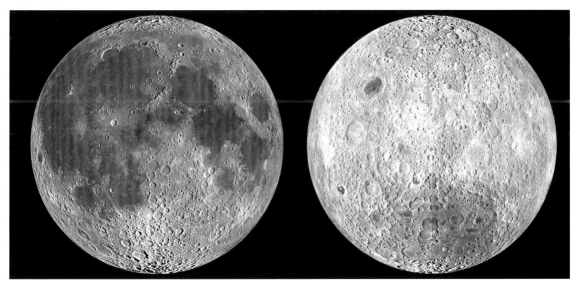

日食：

拍攝日偏食必須使用很長的望遠鏡頭，並要慎重配上安全濾鏡。建議改用手機的相機來拍攝「針孔成像日食」。若日食發生時，樹木已長出枝葉，那麼葉片之間的縫隙便形成天然的針孔，可將日食的光影投射在樹下的地面上。在地上鋪一張白色厚板或紙張，便可將這些可愛的迷你日食影像看得更清楚。發生日全食的幾分鐘裡，你可直接舉起相機對著太陽快拍。同樣地，拍完後檢視相機螢幕來確認曝光是否正常。視狀況調整設定。

（部分節錄自2015年10月28日和11月15日《天空與望遠鏡》雜誌部落格的〈月球隕坑〉與〈月球幻象〉等文章。版權歸屬2015《天空與望遠鏡》雜誌。未經許可，不得翻印。）

▼ 我們可在日全食過程中看見壯觀的日冕，以及環繞著月球的亮麗玫瑰紅焰──日珥。照片提供者：佩德羅・雷（Pedro Ré）

第七章

邂逅行星

我們將認識人們最熟悉的5顆行星以及它們的獨到之處。了解「內太陽系軌道行星」（inner planets，即太陽系內軌道在主小行星帶內側的行星，指的是像地球一般的類地行星〔岩質行星〕）和「外太陽系軌道行星」（outer planets，即太陽系內軌道在主小行星帶外側的行星，指的是像木星這樣的類木行星〔氣態行星〕）的差異，以及如何沿著黃道把它們逐一找出。如果你一直想知道眾行星何時排成一線，以及此一現象的成因，我們也會在本章談到。

觀察練習：

· 在下個天空清澈的夜晚，使用手機app、星圖程式如Stellarium，或本章末所列的任何線上工具，找出至少一顆明亮的行星（第158頁），尋找水星（第164頁），觀察運行至東、西大距時的金星（第167頁）。

· 辨識向東順行的火星（第176頁）。

· 沿著黃道搜尋移動中的木星（第178頁）。

飄泊在外，但不會離家太遠

　　行星明亮耀眼且總在移動之中，而這正是觀賞行星最有趣之處。自有歷史紀錄以來，星座排列已發生些許變化，然而行星卻像孩子們在天空中繞著圈圈互相追逐。每顆行星移動的速度都不同：水星、金星與火星跑得最快——永遠領先較慢的木星與土星，那是因為前者離太陽較近才占了便宜。靠近太陽的行星公轉起來，要比較遠的行星快許多。在肉眼可見的行星裡，體型笨重的土星，遠在將近16億935萬公里外，賽跑時永遠倒數第一。

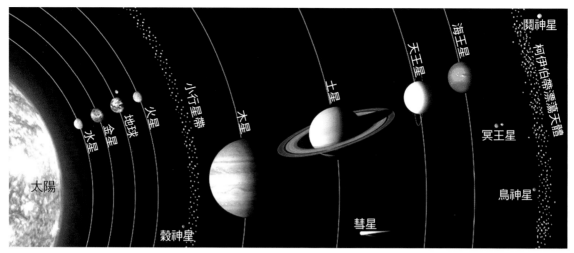

▲ 太陽系以離我們最近的恆星太陽為中心，擁有8顆行星、數百萬顆小行星，以及至今已發現6顆、但恐怕還有數千顆尚未找出的矮行星。此外，太陽系外圍疑似潛藏著第九顆行星，據説比地球大上10倍。太陽本身就占了整個太陽系質量的99.68%，剩下的0.14%則構成了太陽系中其餘天體。非比例圖。圖片提供者：NASA

觀察練習：由於行星不停移動，所以星圖上並未列出行星。一般會透過月球追蹤這些天上近鄰。還記得我們的衛星月球每月繞地球公轉時，都會從每顆行星跟前晃過，因此，行星合月的情形會不斷發生。你可透過線上星圖或電腦版的星圖工具，例如第二章（第37頁）提過的Stellarium，得知接下來一連串行星合月的時間。有些手機版的星圖app也有這個功能，記得到「設定」中開啟它。本章最後，我也列出2個很棒的線上星圖，都提供行星追蹤功能。

　　你在籌劃觀星活動時得知木星或火星也會現身時，這場觀星之旅肯定會令人更加興奮。所有行星都是內有雲系、風暴、沙漠、極光與寒冰的真實世界，很像你此刻身處的地球。太空探測器已替每顆行星拍下數以千計壯觀的照片傳回地球，讓我們得以對它們有基本認識。儘管各行星離我們極遠，但想到45億6,000萬年前那一片旋轉的氣體及塵埃的巨雲聚集後，就成了我們現今所知的太陽系，因此它們跟我們可說是一家人。

　　所有行星的運行模式各有不同，卻都遵循一些固定的規律。我們永遠可在黃道上的各宮附近找到每顆行星的蹤跡。假如它們毫無章法地四處遊走，就可能會出現在任何地方，比如獵戶座、仙后座，或南十字座附近。但它們並未分道揚鑣，因為我們先前提過，太陽系有如一張扁平寬廣的煎餅，所有行星都繞著太陽公轉，而且可說全都運行在同一平面上。現在你已熟知雙魚座、天秤座、雙子座等黃道十二宮，馬上你就會認識在這些眼熟的星座間來來去去的不速之客——行星。

▲ 若與木星及土星比較，地球簡直小得微不足道。行星共可分成3類：岩石成分較高的內太陽系軌道行星，如水星、金星、地球和火星；以及氣態行星，如木星及土星；最後是距離遙遠、巨大的冰封行星，包括天王星與海王星。圖片提供者：Lmpascal／維基百科

　　想換種方法來區分行星和恆星嗎？行星通常不會閃爍。恆星之所以會閃爍，乃是其來自遠方的星光受大氣擾動扭曲的結果；即便用天文望遠鏡觀察，恆星也像是閃爍的光點。有別於恆星，行星不是點光源而是有面積的發光，因此發出的光芒穿過流動中的空氣時，比較不會發生「迴旋繞射」（bounced around）的情形，因此相對平和而穩定，但也並非永遠如此。偶爾你會觀察到火星跟金星這兩顆較小的行星，在大氣特別不穩定時於低空閃爍。

　　太陽系中受到正式認可的行星共有8顆。它們與太陽的距離，由近至遠依序為水星、金星、地球、火星、木星、土星、天王星，及海王星。它們與太陽的距離，範圍可從水星的5,790萬公里到海王星的45億公里；若是以地球和太陽間距離的倍數表達，那麼水星是0.38倍，海王星則足足有30倍。

　　我們也可以按大小來為行星排序，從大到小分別是：木星、土星、天王星、海王星、地球、金星、火星、水星。巨獸般的木星直徑為139,821公里，由氨氣形成的多彩雲層中摻混了硫磺與磷，它的龐大家族成員包括67顆衛球，還有那最具代表性的「大紅斑」（Great Red Spot），它是盤旋於木星至少350年、颶風般的風暴。這位朱比特大神（Jove，古羅馬神話中掌管天界的主神，西方天文學家以它為木星命名）的腰圍（直徑），足足有11個地球那麼寬。

　　土星最顯著的特徵便是由水冰（water ice）組成的土星環。從太空探測器航海家號（Voyager）和卡西尼號（Cassini）傳回的特寫照中，可看出土星的環數以千計，多如黑膠唱片

上的眾多刻紋。寒冷的藍色天王星躺著自轉；或許是許久以前遭一顆大如地球的行星撞擊，使它的自轉軸傾倒。它獨特的藍色來自大氣層中的甲烷。海王星比天王星略小，2顆行星的大氣中同樣疾風勁厲，由甲烷、氨與水冰組成的濃厚雲層包覆住它們的岩質核心。

回到地球，我們遠離了外層太陽系中滿是寒冰的氣態巨行星國度；在這裡，我們享受太陽的光與熱帶來的溫暖。我們的地球仍是至今所發現唯一能提供生命條件的行星。隔著一段距離外的金星，其雲系結構和大小都與地球相近，地球直徑只比它多了644公里，但再看得仔細點，就會發現兩者迥然不同。金星的濃密大氣超出地球92倍，宛如烤箱的金星表面溫度高達攝氏462°。千萬別嘗試站在金星表面，否則你體內承受的壓力將相當於置身在超過800公尺深的海中。金星上終年不散的雲層，也讓人們在觀察這個宛如地獄火爐的行星時傷透腦筋。

火星是人類在地球以外做過最多探測的行星，它或許曾經生機盎然，或許至今仍蘊含著生命。根據衛星與「實地部署」的探測車傳回的照片與測量數據，我們確信火星目前乾涸的地貌上曾有大量的水，而火星表面的古老河床、洪水沖刷過的巨礫與被水磨圓的卵石也都提供了佐證。2015年，NASA科學家在火星陡峭的隕石坑壁面發現了深色細長紋路，推測可能是從地下蓄水層中冒出的涓流細水造成。由於這顆紅色行星至今仍存在著結成冰和液態的水，表面溫度則是介於攝氏-133°～27°，並未超出生存容許範圍，因此看來是個尋找外星生命的好地方。

火星直徑6,779公里，大約為月球2倍，天體撞擊留下的隕石坑遍布在它的南半球，營造出格外顯眼的類月表景觀。另一方面，從火星兩極的冰帽、雲層、不時出現的沙塵暴，以及1個火星日只比地球多37分鐘等現象看來，它是目前已知和地球最相似的行星。

水星在太陽系各行星中是最小的，直徑為4,880公里，它與月球看來極為相似，表面同樣布滿隕石坑，卻又與月球不盡相同。水星冷卻、縮小時，它的地殼跟著鼓起，擠出了「皺紋」般高1.6公里、長數百公里的懸崖或裂隙。水星相當靠近太陽，想必你認為它非常炎熱。也的確如此，它的高溫達攝氏426°。但由於水星幾乎沒有大氣也毫無水分，所以也留不住高溫，夜間溫度會陡降至攝氏-173°。

人們一度認為水星的自轉周期和它繞行太陽的周期相同（88天），所以永遠只有一面朝向太陽。但是天文學家在1965年根據射向水星的雷達反射波，發現它每59天才完成1次自轉，是太陽系裡自轉最慢的天體之一。只有金星的自轉速度比它還慢……而且還是逆向的！一個金星日相當於地球上的243天。

冥王星的惜別會

2006年，國際天文聯合會（International Astronomical Union，簡稱IAU）公布行星的新定義時，冥王星便被踢出了行星列表。想加入此一尊榮社團，一顆夠格的行星首先必須繞著太陽運行（符合！），必須大到足以憑藉自身重力讓外形變成球體（符合！），還要能主宰其運行軌道周遭的範圍（抱歉了，冥王星！）。所謂能主宰軌道周遭範圍的行星，是要能清除彗星及小行星等較小的天體，為自身的繞日公轉打開一條坦途。按照國際天文聯合會部分成員主張，冥王星因欠缺足夠重力無法做到最後一點，所以被降格為矮行星。

擁護者們群起抗議，力主恢復他們摯愛的冥王星的行星地位。截至今日，這項行動並無進展。但這也只是暫時。萬一在未來幾年中，人們又想重算舊帳，我也不會訝異。有些天文學家並不同意國際天文聯合會的定義。艾倫・斯特恩（Alan Stern）便是其中一位，他是冥王星探測任務新視野號（New Horizons）的首席研究員，該計畫極為成功。他指出，若是地球也被放在

◀ NASA新視野號在2015年7月飛過冥王星時，清楚拍下了此一冰封世界（右下）的特寫照片，鏡頭也捕捉到它最大的衛星，冥衛一（Charon）。冥王星與行星一樣呈圓球體並擁有衛星，但同時也和海王星之外、遙遠的柯伊伯帶（Kuiper Belt）中許多小行星擁有相同的特徵。照片提供者：NASA／約翰‧霍普金斯大學／應用物理實驗室／美國西南研究院

與太陽間平均距離達75億公里的冥王星所在位置，也會無法清除太空中如此廣大範圍內的小型星體，並因而失去行星資格。

從更高的層級來看，冥王星所代表的，是在海王星以外、散布於太陽系外圍的一群冰封小行星。假如我們沒有重新定義行星，晚近所發現較大的十幾顆或更多遙遠的小行星都會被冠上行星之名。更何況未來肯定會發現更多的小行星。

追隨月亮

我們以肉眼便能輕易觀察到5顆行星。前面已經提過如何利用行星合月及其他方法來辨識行星，但你知道行星也會和其他天體發生「合」的情形，包括與其他行星家族成員乃至恆星？但畢竟行星移動得比月球慢，所以行星跟行星的合比較少見，一年之中大概會發生6次，且大多發生在金星與水星這兩顆永遠緊鄰太陽的內行星遇到火星、木星及土星等外行星時。地球的繞日公轉會漸漸讓外行星同一時間出現的位置慢慢往西移動，在此相對位置，它們便會在與太陽交會（合日）之後，於日出前或黃昏時和金星或水星碰面。

◀ 照片中娥眉月、金星（月亮下方）與木星共同排列出壯觀的雙行星合月，景象出現在2008年12月1日，所在位置是明尼蘇達州杜魯斯市的中央老鐘塔上方天空。月球與眾行星運行在天空中同一路面上，有如經常在公路上擦身而過的車輛。它們彼此接近時，就稱為「合」。你可使用Stellarium等星圖程式找出下幾次精彩的合發生的時間。照片提供者：鮑伯‧金恩

行星與其他行星或炫目的恆星在黃道上出現彼此遮掩的情形極為罕見。天上最亮的2顆行星──金星與木星──下一次發生掩星（occultation）的時間是2065年11月22日，但是屆時這對行星會與太陽靠得太近，因此不太容易看見。再下一次的掩星才能真正讓我們一飽眼福，時間是2123年9月14日。看來人的一輩子好像不太夠用。只能為我們遙遠未來的親人期盼那一天有個清澈的天空。並不是每一次「合」都同樣動人，但我想那只是因為每個人喜好不同。2個耀眼天體靠得愈近，景象也愈具震撼力。行星之間的合，會讓人們忍不住停下來欣賞天上的的美景。只要我們稍微費心捕捉到一次合，便能體悟到心靈的提升。生命常因美麗事物而變得不同凡響。愈是尋求美的事物，我們就愈懂得心存感激。

在其他行星上過生日

我們大致上可將一起繞行太陽的夥伴分成內行星和外行星。內行星如水星與金星，是在地球和太陽「之間」運行；其他行星都在地球以外公轉。每個行星都有自己的軌道周期，也就是繞行太陽1圈所花的時間。離太陽最近的水星上的1年等於88天，金星為225天，地球則是365.25天。火星上的1年有687天，木星的1年則相當於12個地球年，土星則為29.5個地球年。由於人類是在地球繞太陽1圈時慶祝生日，假若我們住在有環的土星上，那只有比較長壽的人才有幸歡慶第三個生日。天王星繞太陽1圈的時間長達84個地球年，比美國的人均預期壽命還多出5年，而海王星則需花上整整165個地球年才能完成1次公轉。我在此禱告，期望自己能活至少1個天王星年，希望大家都一樣。

儘管我們聚焦在那5顆自古以來便為人熟知的最亮行星，但我必須說明，只要你非常清楚該往哪看，那麼天王星也能用肉眼觀察到。當你已成功觀察到其他行星，想再自己找出天王星，可利用Stellarium或手機app為你指出正確方向。天王星的亮度大約為+6星等（剛好在肉眼辨識的極限），可先用雙筒望遠鏡確認位置，然後試著只用肉眼來找到它。祝你順利！

▼ 2014年1月31日，水星（圖左）與新月後剛滿1天的娥眉月在黃昏時相遇。水星是最靠近太陽的行星，你能找到它的時間不外是傍晚時的西方低空，或清晨時的東方天空。照片提供者：鮑伯·金恩

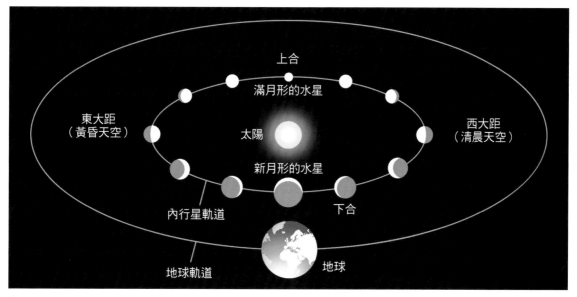

▲ 水星與金星都在地球的軌道內側繞行太陽。它們與地球及太陽的相對位置變動時，就會像月球一樣出現不同相位。當它們
運行至相對於地球的太陽背面，看來就會如同小一號的滿月。當它們移動到太陽兩側，便會看到它們呈弦月形。當它走到
位於太陽與地球之間的下合位置，便會呈極細的眉月形。圖片提供者：維基百科及作者補充

水星：難以捉摸的行星

　　若你從沒見過這顆太陽系最內圈的行星，別不好意思。因為水星離太陽這麼近，所以一點
也不奇怪。如同金星，水星像是被太陽用鏈子拴住，只是這條鏈子還更短些，使得它每年只有
幾段時間不受太陽影響，能夠現出蹤影。若你知道它何時會現身，可要牢牢把握機會。

　　水星每88天繞太陽1圈，也就是在1個地球年中公轉4次。它是以羅馬神話裡的信使神墨丘
利（Mercury）命名，在古代神祇肖像中，這位趕赴下趟任務的信使穿了雙帶翅的涼鞋。不管
是噴射背包還是火箭裝全都比不上這樣的鞋——我也想要一雙！

　　水星的傍晚可觀測時機出現在太陽下山後不久的西方低空，此時水星已往太陽以東移動了
相當一段距離。接下來的幾星期，水星會繼續自西方地平線向上攀升至最高處，與太陽相距
約2個拳頭。這時，我們會說水星已來到所謂「東大距」（greatest eastern elongation）。它的清
晨可觀測時機大同小異，只是換成先自東方低空出現，慢慢向西移行，直到抵達「西大距」
（greatest western elongation）。接下來水星會緩緩朝太陽下降，終至消失於強光之中，直到下
一次的傍晚可觀測時機到來。水星重複著為期88天的運行周期，給了我們每年大約8次可觀測
時機。我喜歡將水星比喻成被繩子牽著的迴力球，一旦彈跳至繩子所能延伸的最遠距離，便會
立即朝相反方向彈回發球者。就水星而言，它只能爬離太陽一定距離，然後就得爬返。當然
啦，可觀測時機過後的水星只是「看起來像」朝著太陽走去。

　　當你看見月球通過行星或行星移向太陽，其實它們並沒有真的更靠近太陽，純粹只是因為
這些星體在視線上排成一線，使得它們看起來正在向彼此接近。實際上，這些星體全都相隔數
百萬英里之遙。只要看看本頁上方的附圖便一目瞭然。

水星從傍晚可觀測時機過渡到清晨可觀測時機的這段期間裡，會從我們與太陽之間通過，這時地球上看不見它，原因就跟我們無法見到新月一樣──此時水星的位置與太陽呈現下合（inferior conjunction），並消失在白晝之中。但是不用多久，水星的軌道運動便會讓它移向太陽以西，前往西大距的位置。又過了幾星期，水星再度朝地平線下降，但是這一回，它會轉移至太陽背後的上合（superior conjunction）位置，在太陽強光中再度消失不見。在水星位於兩大距近旁的2週內，也就是與太陽分開的角度最大、在天上位置最高時，便是觀賞它的最佳時機。你可從163頁的附圖中看到，水星運行於軌道時與地球及太陽的相對位置會不斷改變，因而也有類似月球的相位變化。你需要一支小型的天文望遠鏡才能看見它的相位變化，但如果你仔細觀察，也能察覺它發生相位變化時的亮度有所不同。處於眉月時的水星最暗，「滿月」時則最亮。

　　對北半球的觀測者來說，正如春天傍晚時，弦月的仰角與能見度都比在秋天時理想，黃道和西方地平線之間在傍晚與清晨的夾角大小，同樣也會影響水星的能見度。這個夾角在隆冬至晚春時最大，此時水星會出現在傍晚時分西方天空相當高的位置，好找得讓人吃驚。到了秋天則情況剛好相反，即便水星位於東大距，觀察起來仍極具挑戰性。

　　位於東大距的水星會在黃昏時的東方低空閃爍，最佳觀賞季節是在仲夏至仲秋。為了讓大家能夠從容面對這顆來去最為匆忙的行星，我在此為北半球的觀星者製作了一個水星的觀賞「季節」表。表中列出截至2020年的觀星時間、日期、距角（elongation，與太陽之間分開的角度

觀察練習： 日落後大約40分鐘，便可展開黃昏時的水星守望行動，方法是掃瞄西方平線上約1個拳頭高的天空，找尋一顆發亮的孤星。若在破曉時，則是在太陽升起前45分鐘左右，面向東方搜尋。

日期	時間	距角	星等
2016年9月28日	清晨	向西18°	+0.6
2017年1月19日	黃昏	向東24°	0.0
2017年9月12日	清晨	向西18°	-0.1
2018年1月1日	清晨	向西23°	-0.1
2018年3月15日	黃昏	向東18°	0.0
2018年7月12日	黃昏	向東26°	+0.7
2018年8月26日	清晨	向西18°	+0.1
2018年12月15日	清晨	向西21°	-0.2
2019年2月27日	黃昏	向東18°	-0.2
2019年6月23日	黃昏	向東25°	+0.7
2019年8月9日	清晨	向西19°	+0.3
2019年11月28日	清晨	向西20°	-0.3
2020年2月10日	黃昏	向東18°	-0.3
2020年6月4日	黃昏	向東24°	+0.7
2020年11月10日	清晨	向西19°	-0.3

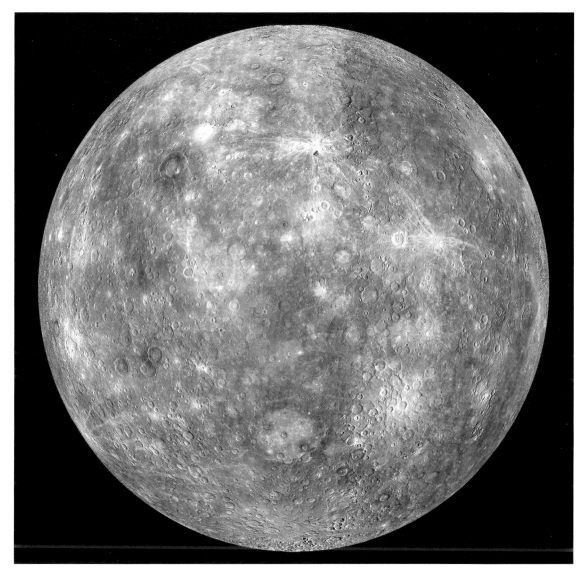

▲ 表面覆滿隕石坑的水星，雖與月球頗為相像，卻也別具一格，其中包括遍布星體表面的山脊，顯示出久遠前它冷卻時向內收縮，造成星體表面向上凸起。照片提供者：NASA／約翰‧霍普金斯大學應用物理實驗室／華盛頓卡內基研究機構

——愈大愈好），以及亮度。我選了一些最佳可觀測時機，都是在日落後或日出前的30～45分鐘，這時水星會位在至少10°（一個拳頭）的天空中。

　　黃昏及拂曉時，在柔和的天光襯映下，明亮的水星看來無比纖細，彷彿永遠居於劣勢，奮力博取太陽垂青。下次有機會觀測這顆小行星時，不妨稍稍為它加油打氣。同時留意一下月球的動靜。水星總是不會離太陽太遠，它只會在最細的眉月出現時才會來訪，並且創造出水星合月的美麗景象。

▲ NASA信使號太空船於2010年5月6日，自1億8,350萬公里外拍下這張地球與月球的合照。從極遠處眺望，浩瀚太空中的地球顯得如此渺小。照片提供者：NASA／約翰‧霍普金斯大學應用物理實驗室／華盛頓卡內基研究機構

　　水星真是個神奇的世界。在這顆充滿極端現象的行星上，表面溫度達到炙熱的攝氏426°，而同時間，位於水星北極的隕石坑底卻覆著層層寒冰。你說這不是很奇怪嗎？原來，因為水星的自轉軸就像根旗桿似的幾近筆直挺立（僅微微側傾1°），以致它極地的隕石坑深處永遠曬不到太陽，於是便為萬古之前彗星撞擊所挾帶的殘冰創造了永恆天堂。NASA的水星探測器信使號（Messenger）於2011和2012年繞行水星軌道過程中，就找到了有力佐證。

　　我們只能站在同一地點、也是唯一地點的地球來觀察宇宙。我倒不是在抱怨——我很愛這個古老世界。但假如能從別的行星瞧瞧地球的模樣，也很不錯吧？2010年5月6日，NASA信使號航行至水星旁面對地球的位置，充當了我們遠在水星的眼睛，從1億8,350萬公里截取了這張地球－月球系統的影像。你瞧照片中我們的地球多麼渺小。然而，那個小點上存在著我們珍惜的一切事物。

金星：光明面、黑暗面

　　金星是除了月球以外夜空中最亮的天體，自史前時代起，便已為人所知且受到命名及膜拜。巴比倫人將金星稱為伊絲塔（Ishtar），即愛的女神，另外它也是馬雅人口中的「恰克艾克」（Chac ek），意為「崇偉之星」（Great Star）。古希臘人則對金星做了2種賦格。他們一方面將其取名為赫歐斯弗斯（Phosphoros），在希臘文中意為帶來光明者，意味著黎明時可見到的晨星；另一方面，又稱之為赫斯伯斯（Hesperus），意為黃昏之星。之後，2個名字合而為一，成了阿芙羅黛蒂（Aphrodite），意為愛的女神。

　　羅馬人沿用了許多希臘神祇，並且賦予拉丁文神名，於是出現了掌管愛與美的女神維納斯（Venus），即我們今日所用的金星之名。再講幾個有趣的相關花絮：赫斯伯斯被羅馬人用

▲ 你絕不會看不見清晨或黃昏時分升起的金星。它發出的光芒彷彿飛機的降落燈，也常被誤判為不明飛行物體，是天空中僅次於月球的最亮天體。它甚至還能照出你的影子呢！圖中，從夏威夷茂宜島看去，金星在海面上映出一道閃閃發亮的光影。照片提供者：鮑伯·金恩

觀察練習： 金星是顆極其醒目的行星，所以說，只要你知道該朝哪看，不用太花工夫，一天當中必有機會看見。找它時，我們要再度仰仗肉眼觀星者的最佳幫手——月球。金星接近東、西大距時，便與行經的月球形成金星合月，你可透過手機app、桌上型電腦或線上星圖軟體查看金星與月球的相對位置。接著，當你以肉眼（或雙筒望遠鏡）朝月球望去，再將視線移往金星所該出現的位置，一定能在藍天襯映下看見這顆亮白的斑點。

拉丁文轉譯成韋斯伯（Vesper），現今意指「晚禱者」，而赫歐斯弗斯的拉丁名則成了路西法（Lucifer），在拉丁文中意為「光明使者」，之後卻被用來指稱一個被打入地獄的沉淪天使。那麼路西法是否意味著清晨時的維納斯女神即將在太陽升起後墜入「赤焰」當中呢？

　　如同水星，金星也在地球公轉軌道內繞著太陽轉，同樣會出現宛如月球般的相位變化。不過比起水星，金星距太陽較遠，因此當它運行至地球與太陽間的下合位置時，離我們倒是近了許多，只有4,340萬公里。另外，金星的形體也遠大於水星。基於這兩個因素，我們能夠輕而易舉地用一架7x的雙筒望遠鏡來觀察眉月形的金星。

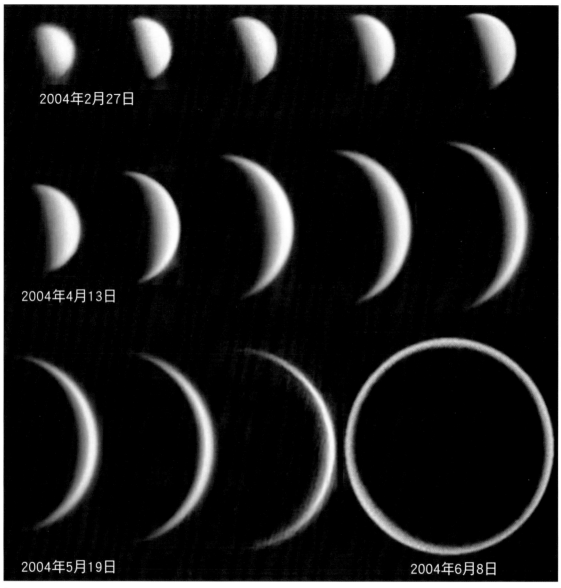

2004年2月27日

2004年4月13日

2004年5月19日　　　　　　　　　　　　　　　　2004年6月8日

▲ 以天文望遠鏡觀察金星，會發現它繞著太陽走也展現出一連串如月球般的相位變化。金星離地球最近時所呈現的狹長眉月狀，已達人類肉眼難以分辨的極限。7x或更高放大倍率的雙筒望遠鏡，可讓觀察工作變得簡單。照片提供者：斯塔蒂斯‧卡夫瓦斯（Statis Kalyvas）／VT 2004 program

　　很少觀星者說他們曾經僅憑肉眼就看見了眉月形的金星，因為這時它最多只有1角分寬（滿月的三十分之一），已達肉眼可見的極限。我就有好幾次煞費苦心地想看到它，但都沒成功。或許你的視力較敏銳，可為你贏得此一觀星殊榮。

　　金星不只比水星更大、更靠近地球，反射性也高得令人驚訝。長期包圍金星的雲層，能將

75%的陽光反射回太空中，也難怪金星看來如此輝亮。散放出美與愛？不，那只是雲的關係。傍晚時觀看位於東大距的金星，它的光眩常讓人誤以為它是一架開著降落燈的飛機，或甚至不明飛行物體。學會觀看行星的好處之一，就是能將它們從疑似不明飛行物體的清單上剔除。

　　無論是以肉眼或望遠鏡觀測金星，它的亮白容顏也有其黑暗面。金星的雲層由纖細的硫酸微粒構成，它和你汽車電瓶裡的液體成分相同。纖細的硫酸微粒匯聚成硫酸雨珠，從大氣中竄落時會揀到電荷，接著便在天空炸出一道道閃電。硫酸雨尚未觸及滾燙、溫度高達攝氏471°的金星表面，已先在高溫中蒸發，成為宛若火龍噴吐的熱氣。

　　金星上的環境險惡無比。1970年代至1980年代初，前蘇聯曾接連送一系列的金星號探測器（Venera）到金星，但即便它們配有特製裝甲也無一倖免，全都在著陸後1～2小時內毀於星球表面的高熱與高壓。沒有其他行星比金星更適合用來譬喻美貌僅止於表象的道理。

　　如同其他行星，金星上也有隕石坑，只是相較起來少了許多，因為在過去1億年當中，從金星地心深處湧出的大量熔岩流與岩漿改變了它的地貌。若以地質學角度來看，這就像昨天才剛發生的事。金星上部分區域佇立著高聳的死火山，或許有些仍然活躍，在閃電劈出的光芒下，火山群的險崖與罅隙閃閃發亮。如今，我們對雲層堆疊之下的金星已多所了解，這大半得歸功於NASA麥哲倫號（Magellan），它在1990年～1994年的金星任務中，利用雷達繪製了金星表面圖。本章末（第183頁）提供NASA金星計畫的新聞照片連結，你可造訪該網站瀏覽麥哲倫號拍下的壯觀影像。

如何找出這顆恐怖的行星？

　　和水星類似，金星也有晨昏交替的可觀測時期，而當它太靠近太陽時，便無法在空中看到它。一開始，你可以在西方低空看到金星，此時它的位置只比日落中的太陽高出幾根手指。接著，金星會一天天遠離太陽，慢慢東移並漸漸升高。這時，在地球上會見到金星的仰角變大，這也正好標示出它的軌道運動——自太陽背後繞出，飛近地球。接下來，金星會離太陽愈來愈遠，最後到達東大距的位置。如果時值春季，黃道面與地平線間夾角極大，地球上某些地方可在日落時西方地平線上超過4個拳頭的高空中看見金星，且直到午夜前都不會落下。金星營造的景象華麗非凡，讓它比月球以外所有星體都來得耀眼。

觀察練習：

想親身體驗一下嗎？如果找得到黑暗的觀星地點，我們甚至能在金星光芒下看見自己的影子。要在暮色已深、金星仍高掛西方天上時進行。等雙眼完全適應了黑暗，轉身向後，在黑暗中尋找自己的影子。轉身時動作要快，採迅速旋跳的方式，我曉得這動作聽起來有點可笑，但這樣你才來得及看見自己的影子，因為視網膜上的視桿細胞對運動中物體的敏銳度最高。你也可以在地上鋪一張白色墊子來加強視覺對比。

留意影子的整體外觀。它跟白天看到的一般影子有何不同？金星所照出的影子看來更銳利、清晰，是因為它是以「點光源」（point source of light）來發光，而太陽、月球及大部分街燈則屬於「面光源」（extended source of light）。面光源形成的影子比較發散。一股陽光被擋到之後所投射的影子，會被另一股陽光干擾，而各股陽光間又彼此互相干擾，最後便產生了模糊的影子。點光源的金星發出的光束很窄，可被身體充分遮掩，因此投出的影子輪廓分明。

2月1日

2017年1月1日

3月1日

12月1日

11月1日

4月1日

2016年10月1日

西南　　　　　　　　　　　　　　　　　　　　　　　　　　　　　　西

▲ 在黃昏可觀測時機時，金星一開始先從西方低空冒出，接著愈爬愈高，逐漸遠離太陽。圖中所呈現，是金星在2016～2017年中的逐月相位變化（必須透過天文望遠鏡觀看）。金星會以幾種路徑走過黃昏及清晨的天空，但不論何時，與太陽之間的距離都不會超過4.5個拳頭。水星的路徑類似，但距離太陽不超過2個拳頭。圖片提供者：鮑伯・金恩，來源：Stellarium

　　即便金星抵達東、西大距位置，與太陽的距離也不會超過45°～47°，也就是地平線到天頂之間一半的高度。過了東、西大距以後，金星開始向太陽全力衝刺，隨即瘦身成狹長的眉月形。雖說水星與金星都有類似的相位變化及晨昏交替的可觀測時機，但兩者到達最亮的時點不同。金星最亮時可達-4.9星等，差不多是恆星中最亮的天狼星的25倍，發生時點是在它最粗的弦月相位。離地球較近也是它看來較大較亮的原因。當金星相對於地球運行至太陽背後，即滿月的相位，便來到它最暗的時刻。由於此時它離地球最遠，看起來便像一個小點，也相對較暗。縱然我們無法以肉眼觀察金星相位的變化，仍能從它每次可觀測時機裡的亮度變化做相對聯想。

　　話說金星外圍包覆著高反射雲，所以永遠暗不下來；即便在亮度最弱時，還是會發出-3.8星等的強光，足足比天狼星亮了8倍。

　　當金星走向下合的位置，通過太陽與地球之間時，我們先會看到它下降至西方地平線，接著很快就看不見了。如果你在金星抵達合位置的前後不久進行追蹤觀察，心裡或許會納悶它「為何來去匆匆？」。相較於黃昏的可觀測時機，此刻的金星離地球要更近一點，因此看似夜夜兼程趕路。這時金星就像從你近旁擦身而過的汽車般看來速度飛快。於是，女神自黃昏天空快速飛馳通過下合，1～2星期內便會現身於太陽另一側，開始在清晨的天空露臉。

　　當金星進入黃昏的可觀測時機，會從它的軌道遠端慢慢地朝地球前進；相較之下，在清晨的可觀測時機，金星似乎更快竄升至眼前，接著很快便到達頂峰。然後它會停留在那個位置；在遠離地球的過程裡，金星看來似乎依依不捨，緩緩走回太陽身旁，最後抵達上合位置。當金星再次與太陽拉開距離，進入黃昏天空時，便是下一個循環開始。

在天文學上，觀察者的位置意義重大。我們身處的地球，形同一個正在軌道上運行的觀星台，它和其他行星家族成員一樣，周而復始地繞日奔馳。從火星上看，地球也是顆亮「星」，微微泛藍，且像繫了條橡皮筋般，日以繼夜、永無休止地在黃道各宮之間來回擺盪。

做為昏星（evening star）時的金星，從升起至落下歷時263天，將近9個月。接著有8天左右，它會被太陽光輝遮蓋，直到以晨星（morning star）之姿「重生」。接著，就是另一個263天的歷程，但等到離太陽愈來愈近時便又看不見了。金星再度消失於太陽背後，蟄伏了50天，又會在傍晚天空復出，重啟新的循環。從晨星轉變為昏星的過程看似頗為冗長，因為此時金星位於太陽背面，也是它距離地球最遠的時候——2億6,070萬公里。由於距離遙遠，使它看來移動較慢。假設速度維持不變，愈遙遠的星體，在太空中也顯得移動愈慢。很合理，對吧？

一個完整的金星周期——從我們看到一個「滿月」的金星，到下次看到它再度滿月所需的時間——總共歷時584天，稱為金星的朔望周期（synodic period）。金星的朔望周期和地球公轉周期（365天）間有個簡單的比率關係。將584乘以5，算出的結果相當於8個地球年。在這段漫長的時期，你會在晨間及傍晚看到5種不同「特色」的金星，並可分別將其精彩程度區分成數個等級，從絕佳排到普通。金星在可觀測時機表現的好壞，取決於它在一年當中抵達東、西大距的時間。秋天時，金星在西方天上的位置較春天時低，因為黃道在春天的高仰角相對推升了金星的高度。無論你從何時開始觀測金星，都能在8年內看到所有5種可能的軌跡。在那之後，又會重啟新的循環。

▼ 2009年2月27日金星合眉月時，2個天體相映生輝。金星合眉月是天上最搶眼的絕景之一。照片提供者：鮑伯·金恩

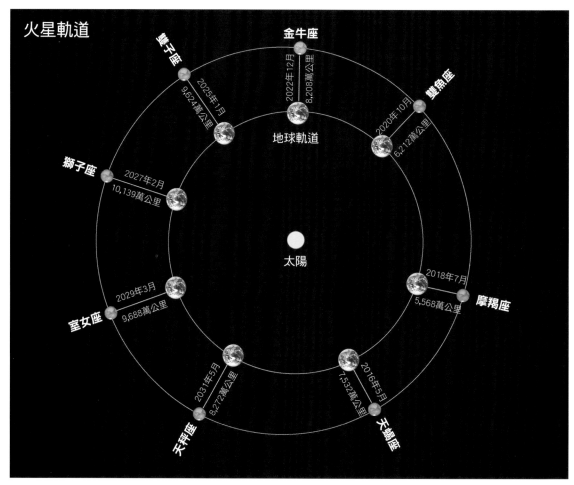

火星軌道

金牛座
2022年12月
8,208萬公里

雙子座
2025年1月
9,624萬公里

雙魚座
2020年10月
6,212萬公里

獅子座
2027年2月
10,139萬公里

地球軌道

室女座
2029年3月
9,688萬公里

太陽

摩羯座
2018年7月
5,568萬公里

天秤座
2031年5月
8,272萬公里

天蠍座
2016年5月
7,532萬公里

▲ 由於火星運行軌道呈離心圓,使得它周期性地走到衝的位置時,與地球的距離都不相同。當火星走到離地球最近的衝時,亮度可達到最高,不僅勝過天狼星,還直追木星。下一次將發生在2018年7月27日。圖片提供者:鮑伯‧金恩

　　等到火星抵達太陽背面進入合的位置時,由於距離地球已相當遙遠,所以看似移動極其緩慢,並有很長一段時間消失於陽光中。但當它被地球超越後,火星便漸漸遠離太陽,在黎明前的東方升起,而且一天比一天早,也愈爬愈高。到了發生衝的2個月前,大約午夜前後它就已爬上地平線。接下來,怪事發生了:火星像是正踩著煞車放慢了速度,接著開始「倒著」走。

　　此現象稱為「逆行」（contrary behavior retrograde motion）。所有外行星在即將抵達衝、通過衝,以及剛剛離開衝的位置時,都會進行一次「逆行」。火星在留點停待一會兒後便不再往東走,反而朝西運行,剛好與其軌道運動方向顛倒。過了衝的位置1～2個月後,火星又慢了下來,然後再度掉頭,重新沿黃道向東運行。由於火星遠比木星及其他外行星接近地球,地球上的肉眼觀星者不可能錯過它明顯的大動作逆行。

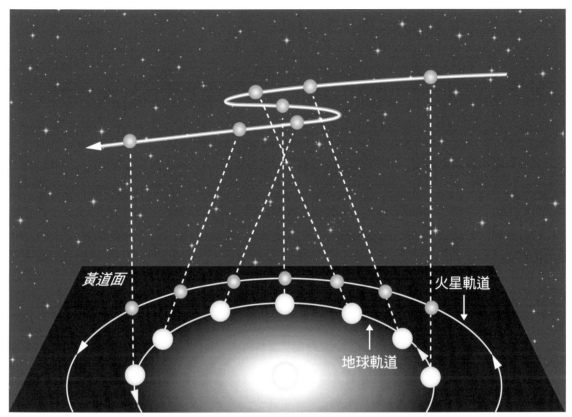

▲ 速度較快的地球一路追趕火星，最後排列成衝。過程中，紅色行星在天空看似速度變慢並暫時反向運行，就像你在高速公路上超車時所見的情形。天文學家稱這樣的現象為「逆行」，與火星正常的向東「順行」形成對比。圖片提供者：蓋瑞‧梅德爾

　　火星逆行究竟是怎麼回事？地球本身的公轉運動再一次提供了解答。當火星或其他外行星被地球趕上並超越時，它們看起來好似速度變慢、甚至靜止下來，接著向西逆行一段時間。一旦地球將它們遠遠甩在後頭，它們會看似再度放慢速度，隨即恢復向東順行。拿我們在高速公路上超車來做比喻。你打著方向燈，駛入左線車道然後加速，這時會發現右線道的車子好像先是變慢，等到你從旁超越的那一刻，它像是倒退行駛。同樣的，當速度較快的地球超越火星時，後者看來像是放慢速度並反向行進。其實那只是錯覺——火星仍一如既往地在自己的軌道上穩健運行。地球遇到外行星時，總按捺不住超車的壞毛病。

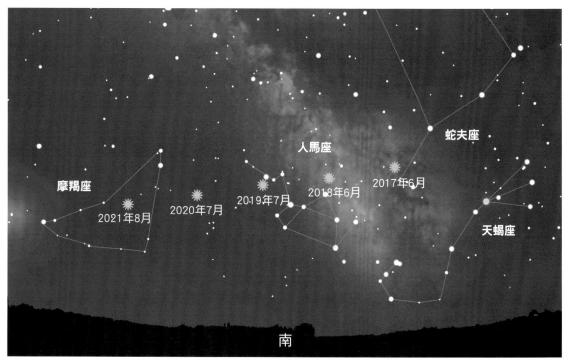

摩羯座　2021年8月　2020年7月　2019年7月　2018年6月　人馬座　2017年6月　蛇夫座　天蠍座　南

▲ 土星與太陽的距離大約是木星與太陽的2倍，運行時也比木星慢了許多，所以在黃道上各星座旁逗留的時間較長。圖中所示，是土星從2017年～2021年發生衝的大致位置。圖片提供者：鮑伯‧金恩；來源：Stellarium

　　所有外太陽系軌道行星全都位於「霜線」（frost line）以外，這條重要的分界將體型小、岩質成分高的內太陽系軌道行星和龐大的氣態外太陽系軌道行星區分開來。45億年前，在太陽系的行星誕生之初，這條分界線位在現今火星與木星間的小行星帶中。在霜線以內，尚未成形的行星周圍溫度過高，阻礙了冰的生成，因此只能就近凝聚現成物質（由岩石、塵埃與金屬組成的固體），於是所形成的星體無法大到能夠吸附較輕的氣體氫與氦，而孕育出太陽及行星等天體的太陽星雲中，便彌漫著這兩種氣體。過了霜線以後，不僅岩石及金屬散落四處，飽含水分的冰晶、氨及甲烷也不虞匱乏。外太陽系軌道行星在此盡情吞噬各種物質，形體愈滾愈大，最後大到足以吸入氫與氦。這便是如今外太陽系軌道行星大氣中含有大量氫與氦的原因。

　　土星的可觀測時機與木星類似，一開始它會出現在黎明，然後與太陽的離角會愈來愈大，進入夜晚天空。它會連續幾個月於午夜前後東升，接下來到衝位置的數月間整夜可見。土星和火星、木星一樣，在留之後發生逆行現象，接著來到衝的位置，繼續到另一個留之後，接下來繼續向東移動。土星每年大約晚2星期來到衝的位置。

　　假如你想徹底了解太陽系的運作原理，追蹤行星的步伐準沒錯。

你在其他行星上有多重？

如果你在地球上的體重為79.4公斤：

· 在水星上則是29.9公斤

· 在金星上則是72.1公斤

· 在月球上則是13.1公斤

· 在火星上則是29.9公斤

· 在木星上則是187.8公斤

· 在土星上則是84.4公斤

· 在天王星上則是70.3公斤

· 在海王星上則是89.4公斤

· 在冥王星（矮行星）上則是5.4公斤

· 在太陽上則是2,149.1公斤

實用網站：

· 國際天文聯合會認為冥王星不屬行星的理由：www.iau.org/public/themes/pluto/

· 有關冥王星的最新消息，包括來自新視野號的任務照片：pluto.jhuapl.edu/

· NASA的信使號水星任務：messenger.jhuapl.edu/

· 以雷達測繪影像近距離欣賞金星上的火山地貌：www2.jpl.nasa.gov/magellan/

· 好奇號火星任務：mars.nasa.gov/msl/

· 進一步了解木星：nineplanets.org/jupiter.html

· 卡西尼號的土星探測任務：saturn.jpl.nasa.gov/spacecraft/overview/

· NASA太空探測船行星照片集錦及相關資訊主頁：photojournal.jpl.nasa.gov/

· 你在其他星球上的體重（互動式網頁）：www.exploratorium.edu/ronh/weight/

第八章

流星祈願

　　流星是從哪來的？一年當中什麼時間最適合觀賞？我們會在本章找到答案，也會討論小行星撞上地球的可能性。另外也會附上截至2021年，一些最盛大的流星雨預計出現的時間，並分享採集流星隕石的小技巧。

觀察練習：

- 找個沒有月光的夜晚，花1個鐘頭仰躺在地上，搜索偶現流星雨的蹤跡。「加分題」：趕在黎明前1個小時再次搜索，然後比較2次數到的流星數目（第190頁）。
- 追蹤天琴座流星雨（Lyrids，第191頁）、寶瓶座 η 流星雨（Delta Aquarids，第193頁），和獵戶座流星雨（Orionids，第195頁）。
- 籌劃參觀擁有流星隕石館藏的博物館，讓自己有機會近距離仔細觀察天外飛來的石頭。在本章最後有建議的網站連結清單（第202頁）。
- 買顆隕石，與大家分享把玩天外之石的樂趣。eBay和幾個主題購物網站上都能找到（第202頁）。

　　一年中的任何夜晚，每小時都有5～10顆流星自四面八方劃過夜空。因為這些流星的行蹤捉摸不定，所以稱為「偶現流星」（sporadic meteors）。它們或許可說是你外出觀賞行星及星座時的意外收穫。流星讓我們和整個太陽系產生最真切的連結，提醒我們許久之前地球不時受到流星轟擊的歲月。每顆行星或月球表面都留有舊時流星撞擊後的疤痕。如今你所站立的行星，最初便始於一團由氣體與塵埃所形成的廣大星雲中的微小塵埃，而這團星雲就叫「太陽星雲」。

▲「能拍到這張照片完全是運氣，」維度爾・帕卡什（Vidur Parkash）如此說道，「當時我原本打算捕捉極光，沒想到這顆火流星會突然出現在打開的快門中。」說得沒錯。外出觀星時，你永遠不知道自己何時會見到稱為「火流星」的燦爛流星，但只要你跑得愈勤，機會愈大。照片提供者：維度爾・帕卡什

　　就如同家中的灰塵會結成一團團毛球，星雲中的岩石塵屑、冰與金屬等各種微粒互相依附堆疊後，會形成更大的凝塊。這些凝塊一邊繞著剛誕生的太陽旋轉，同時身上附著的物質愈來愈多，最後終於大到擁有具主宰力量的重力。它們成為質量更大的天體後，不但可憑藉自身重力牽引吸納更多物質，而且當一塊岩石體積延展至603公里寬時，本身重力會將它塑造成球體。如此便說明了為何宇宙中大量星體（從恆星、行星到月球）的外形都是球體，或接近球體。

　　在碰撞與重力作用下，這些小型天體演變成太陽系中的原始行星、月球、小行星與彗星。據天文學家推斷，行星形成的過程要經歷100萬到1,000萬年。然而，星雲中部分殘骸仍會繼續撞上初生星體，並在後者表面砸出無數隕石坑。截至2016年初，地球上為人熟知的隕石坑洞約有190處，其中以亞利桑那州旗桿市（Flagstaff）附近的隕石坑最為出名。反觀月球上的隕石坑，數量則以百萬計！不過月球又和地球不同，月球上沒有水體、風、活火山及地殼板塊運動來為它抹去遠古時期留下的疤痕。

　　幸虧地球遭隕石大規模轟擊的日子早已過去，否則不論是白天或晚上外出都會有危險。太空中仍有些許殘存的星際物質會繼續落向地球成為流星，這些發出燦爛奪目光芒的星塵，不時讓我們得以與古早地球有所連結。如今，儘管星際殘留物在數量上已不如以往，但仍足以為我們的夜晚平添樂趣，而目睹閃亮的火流星（fireball）或許還會讓你戰慄不已。

▲ 誕生之初的太陽系內一片混沌，形成中的行星四處漂蕩，不時還會相撞，撞擊產生的碎片散得到處都是。這些早期的星際物質有許多組成了行星、小行星與彗星，但小行星偶爾會彼此碰撞，而彗星繞行太陽時總會噴出塵埃。部分細小殘骸仍不時衝向地球，成為照亮天空的流星，有時則落在地表成為隕石。照片提供者：NASA／噴射推進實驗室／派爾（T. Pyle）

　　落向地球的細小殘骸大多只是光芒乍現，偶爾還會在空中爆炸解體，僅有極少數能夠成為美麗的流星。彗星及小行星碰撞所留下的塵埃、冰晶及向日葵籽大小的石塊，進入地球大氣後時速可達每小時40,000公里到257,500公里，接著便汽化成一道耀眼光芒。你說一塊碎屑何以能有如此驚人的表現？這全是動能所致。假設你以時速8公里開車撞向磚牆，車上所有人都不會有事，但是當你加速到每小時120公里再次撞去，相信不只車子全毀，大概你也無法活著離開。

　　在高速運動下，即便只是一顆微小的石子，也能造成極大的傷害。2012年時，1顆以數倍於子彈高速移動的太空微礫擊中並撞裂了太空站穹頂上的一扇窗子。好在太空人迅速以保護膜封住裂口。由於那扇窗子是用四層強化玻璃所製，因此並未立即威脅到太空站的安全，然而整起事件仍充分反映出運動中物體的強大力量（稱為動能〔kinetic energy〕）。

　　沙粒大的流星體（meteoroid，流星尚未進入地球大氣時的統稱）闖入大氣後產生的動能，會一路將空氣分子激化成狹長管狀。這些空氣分子在恢復到一般狀態前，會先釋出從流星體吸收的動能，於是便形成一條細長發亮的痕跡，那就是我們口中的流星。流星痕通常寬不超過1公尺，但長度可綿延至大約10公里，出現在你頭頂96公里高處。流星中營造出各種驚奇視覺效果的微粒會在過程裡燒成灰燼或汽化，但偶爾有些較大的碎塊「隕石」會相對完整地掉落地面。等一下我們會再細談。

　　特別明亮的流星通稱為「火流星」，視覺上特別震撼，看上去簡直像是掉入我們身旁的山

麓中。但可別被眼前的景象愚弄了。流星只是看起來很近，這是因為我們欠缺辨別它閃亮拖痕真實遠近的能力。我們只能參考夜空中其他明亮物體，比方飛機和煙火。煙火或許看來很像流星，但往往距離我們不到8公里。我們常在有意無意間將這兩種不同景象相互比較，並以為頭頂飛過的流星距離我們最多只有幾公里。

但事實可能會嚇你一跳。流星自頭頂劃過時，離我們最近的起碼也有80公里，相當於從你家開車1小時到另一城鎮的路程。假如你看到流星消失在遠處的農舍後方，那麼它的距離就更遠了，因為這時除了要計入流星在天上的高度，還必須加上視線至地平線的距離。那麼湖面上那道輝亮的光芒呢？看來必定在161公里外囉。

大部分進入大氣的碎屑都只有沙粒到小卵石那麼大，重量不會超過2克，通常在距離地面數英里時便已燃燒殆盡。稍微大一點的殘骸在下降過程中，因為大氣摩擦產生高熱而開始熔化並層層剝離，因此變輕了許多。許多流星體遭遇大氣後便完全「灰飛煙滅」。由於它們的速度太快，因此大氣彷彿化作了磚牆。只聽到砰然巨響！一瞬間流星又粉碎成更細小的殘屑，這時常常會在原野間聽到「音爆」（sonic boom）或彷彿炮擊的噪音。在隕石砸向地表的過程中，會先進入它隕歿地球前的「無光飛行期」（dark flight），從而消失在我們眼前。這時大約是在離地14～19公里的空中，多數隕石此時速度會變慢，並開始冷卻，不再發出光芒。從此高度繼續下墜的隕石在觸地前，速度會來到每小時320～645公里。

▼ 歐洲太空總署在羅塞塔探測任務（Rosetta Mission）中拍攝的影像，顯示67P／楚留莫夫－格拉希門克彗星（67P/Churyumov-Gerasimenko）在2015年8月12日最靠近太陽時，從核心噴射出塵埃及氣體。羅塞塔是人類第一艘繞行彗星的太空船。我們見到的許多流星，都源自目前及過去一些彗星所噴出的塵埃。照片提供者：歐洲太空總署／羅塞塔／Navcam

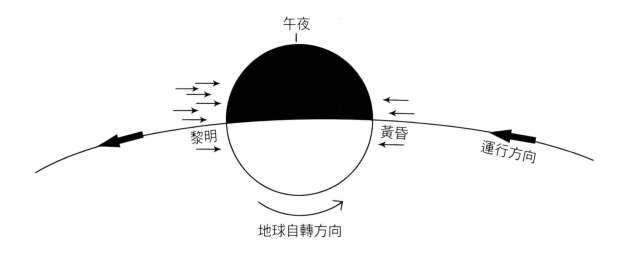

午夜

黎明

黃昏

運行方向

地球自轉方向

▲ 圖中我們從北極上方高處俯視地球。隨著夜色漸深，地球也會自轉朝向迎面而來的流星體，於是見到流星的機會隨之提高。相反的，剛入夜時看見流星的機會偏低，因為流星體這時得先沿著軌道以每秒30公里的速度「追上」地球才行。圖片提供者：鮑伯‧金恩

　　既然流星殞落前的最後一段旅程往往隱匿無蹤，我們所能見到的流星軌跡，便只是任何或可安然墜地的隕石在空中留下的幾秒身影。大家要曉得，很少有人能親眼目睹隕石墜落地面的實況，全球每年大約只有5～10例。

　　流星多半來自彗星上剝落的碎屑，而彗星是冰和塵埃所組成、寬約數英里的小型天體。彗星中的冰在靠近太陽時因受熱而蒸發，釋出的氣體會一併帶走彗星表面的塵埃，在陽光的推擠下向後拖出一條尾巴。構成這條尾巴的物質被捲入彗星運行的軌道，樣子看起來就像Peanuts漫畫家族中的人物Pig-Pen身後總是拖著灰塵。幾百萬年來，彗星留下的塵埃已散布到各大行星運行的這片遼闊扁平的圓盤四處。

　　地球以時速107,800公里繞著太陽疾行，隨時都可能會撞上彗星塵埃，或被撞上。只要大於2公釐的微粒便能形成肉眼可見的流星痕（persistent trains）。這些塵粒可不容小覷；科學家估計，每天至少有5.5噸的彗星及小行星碎屑落到地球。

　　小行星間的碰撞也是太陽系布滿塵埃的原因之一，至於隕石，就我們所知，幾乎全是恆久以前小行星碰撞後留下的岩石與金屬塊，或是45億年前太陽系形成之初留下的殘骸。

　　流星與火流星足可讓任何一個夜晚成為你畢生難忘的一刻。若你至今尚未看過耀眼流星穿過天空時的畫面，那麼只要你常待在星空下，遲早會遇上的。流星的色彩繽紛——有深紅、鐵青、白、黃，甚至翠綠——取決於它的構成物與通過速度。它們發出的閃光大多撐不到一秒，甚至更短。當你聽見群眾中有人為耀眼流星發出尖叫才抬頭張望，多半為時已晚。但你偶爾也有機會一睹流星如打水漂般以極低角度切入大氣中，而且能「燒」上好幾秒才走入靜寂。你所見到的這種流星叫「掠地火流星」，簡稱「掠地流星」（Earthgrazers）。

有一回我發現一顆掠地流星帶著宛若點燃的香菸炭火般的紅焰，自東北方天空緩緩掠過，直到接近西南方低空處才完全燒盡，過程持續了至少15秒。我過去從沒見過其他類似景象。身為觀星者，請準備好隨時迎接新鮮事物。你永遠不知道何時又會有閃亮的火流星出現，再次喚醒你沉睡已久的心靈，而每當你走到戶外，機率又更大了些。

根據美國流星協會（American Meteor Society）調查，每年頭幾個月的傍晚時分，每小時出現的偶現或隨機流星平均只有2～4顆，但是入秋以後，數目便慢慢增加到每小時4～8顆，這可歸因於地球自轉軸的傾斜方向，同時也和環繞軌道的殘骸分布不均有關。在地球自轉及繞日公轉的雙重效應下，你在任何夜晚都能發現流星數量會在黎明前夕明顯增加。

黎明即將到來前，我們面朝地球在軌道上前進的方向，就好比是站在船首。這時，向前挺進的地球正面迎擊擋在前方的所有塵埃，天上倏忽而過的流星數量也隨之增加。12個小時後又接近黃昏，我們轉到了地球的另一邊，差不多剛好背對著地球前進的方向。這時則換成所有殘骸必須從後方「追上」地球，於是流星也變少了。道理就跟你在下大雨時或在暴風雪中開車一樣：雨珠或雪花狂暴地打在前擋風玻璃上（地球前緣），而後車窗（地球後側）卻幾乎不受干擾。

不少人相當嚮往流星活動中的高潮——流星雨。每年的10大流星雨為大家提供了壯麗炫目的視覺饗宴。10大流星雨可分成2類：每小時產生10～15顆流星的低密度流星雨，以及每小時持續生成50～100顆流星的高密度流星雨。除此之外，還有20幾種小型流星雨，密集度類似偶現流星是每小時1～5顆。流星雨是以其輻射點（radiant）所在的星座來命名。比如說，雙子座流星雨（Geminids）輻射自雙子座、獵戶座流星雨（Orionids）和天琴座流星雨則分別是獵戶座與天琴座。

各大流星雨幾乎都源於彗星，只有2個例外。每年8月，地球會穿過斯威夫特－塔特爾彗星（Comet Swift-Tuttle）留下的殘礫區域，那是1862年美國天文學家路易斯・斯威夫特（Lewis Swift）與霍勒斯・塔特爾（Horace Tuttle）所發現的彗星。但由於它所產生的流星看似來自英仙座方向，所以被稱作英仙座流星雨（Perseids）。哈雷彗星則是獵戶座流星雨和寶瓶座 η 流星雨（Eta Aquarids）的唯一「母體」。以下事實聽來驚人但千真萬確——你所見到的每一顆獵戶座流星，都是來自大名鼎鼎的哈雷彗星上的小碎片。

觀賞流星雨可說是人們一生當中比較負擔得起的小小樂趣之一。需要付出些什麼呢？只需犧牲1～2小時的睡眠，隔天晚上很容易就能補回來。你可以自行觀賞，也可以找朋友及家人一起參與。我感覺呼朋引伴共享美好時光更有樂趣，這樣一來，身邊也多了幾雙眼睛一起幫忙留意流星動向。觀賞某些流星雨時，你還得趕在黎明前最睏的時刻起床；這時，身旁有個夥伴可幫你保持清醒，在目睹難得一見的流星雨時也有人一起同歡。

家長們不妨帶著孩子一起觀賞。觀星是讓你遠離手機與電視，並能和家人共度時光的絕佳活動。無論是深夜的守候或夜半的活動，都可營造絕佳的冒險氣氛，並留下珍貴回憶。有些家長可能會擔心孩子隔天還要上學，但其實孩子的恢復力驚人。孩子們在觀賞流星時，也能對天空和太陽系有所領悟，這全是課堂上無法取代的。

流星雨中無數流星循平行路線等速前行，看起來似乎全都輻射自天上單一的輻射點。在視覺效果上，這和望向平行的鐵軌收斂於遠方消失點上的道理一致。鄰近輻射點的流星所拖曳的軌跡較短；望向愈遠處，會發現流星的軌跡也拉得愈長。沿著流星痕倒看回去，必能區分出偶現流星和流星雨；若流星痕源起於輻射點，那這顆流星便屬於流星雨成員。流星雨爆發時，天空中的流星有如排山倒海而來，根本不必費心去找輻射點。我個人偏好從流星雨的側邊觀賞，順便搜尋軌跡長短參差不一的流星組合。

流星雨往往在官方公布極大值日期前幾個晚上就已悄然展開；過了某晚的流星雨高峰之後，流星雨經常還會繼續下個幾夜，只是密度較低。象限儀座流星雨（Quadrantids）的極大期就來得相當迅速且短暫，但像是金牛座流星雨（Taurids）等流星雨，就得花上幾天時間來蘊釀才能來到極大期，不過倒能持續活躍長達1個月。你可能會因為雲層密布而錯失最佳夜晚，但那並不代表你看不見流星雨。收看氣象報告，並試著在極大期前後的幾個晚上抬頭檢視天空。此外，也要注意月相的發展。月光太強不只會壓過星光，還會將你期待看到的流星數量至少打個對折。

現在大家對這些「光線標槍」（我的一位朋友曾如此稱呼流星雨）已經有了一點認識，接著就讓我們仔細看看一年當中的各場主要流星雨。這裡再次提醒大家，夜晚能夠見到最多流星的時間一般是在黎明前的破曉時刻。輻射點幾乎總是位在天空高處，而地球面向流星群時則有助於我們觀賞流星雨。

觀察練習：如果你之前從沒看過流星雨，那麼先挑一個密集且穩定的觀測對象，譬如英仙座流星雨，或是雙子座流星雨。不論是自己獨自觀賞，或是與家人或朋友同行，都要找個視野開闊的場地，然後在舒服的躺椅上鑽進睡袋。記得準備一些溫馨小物，像是咖啡、熱茶，再來點音樂。也有人覺得坐在熱澡盆裡看流星最是快活了。只要你高興就好。

一切安頓就緒，便可開始仰天凝望，來什麼便看什麼。畢竟你無法逼流星現身。有時候，你也說不上來為什麼一道閃光後，要等個5分鐘才出現下一道，接著突然間，數秒內一連3顆流星劃過天際。哇！就讓自己順應自然的步調。我們大多數人的居住環境多少都受到光害影響，所以萬一你看到的流星不如預報中的多，也別詫異。不管你在等候時做些什麼，都請保持耐心，給流星雨至少半小時的出場時間。即使這場演出搞砸了，至少你也享受了一次靜謐的觀星之旅。

象限儀座流星雨

活躍於1月1日～1月10日。高峰期在1月3日～4日晚間

象限儀座流星雨（英文中簡稱「Quads」）來得急促又緊湊，持續時間不超過6小時，理想狀況下，通常每小時可看見約100顆流星，即使在離峰期，每小時的流星數也將近25顆。象限儀座流星雨這個奇特的名字來自一個不復存在的星座——象限儀座（Quadrans Muralis）在遭除名前，位於北斗七星的勺柄下方。由於象限儀座流星雨選在一年當中最冷的季節來臨，因此名聲不如溫暖季節中的流星雨響亮。最佳觀賞時機是在清晨曙光微露前的2小時內。它經常挾帶著火流星一同出現。象限儀座流星雨的母體是小行星2003 EH，據信是一顆已滅絕的彗星（extinct comet）。

速度中等：每小時93,340公里

近幾年觀賞狀況預測：
- 2017年：流星雨在娥眉月落下之後展開。理想。
- 2018年：虧凸月的光芒將干擾流星雨觀賞。不良。
- 2019年：天上出現極細微的殘月，但不受影響。理想。
- 2020年：流星雨在上弦月落下之後展開。理想。
- 2021年：下弦月會稍微影響流星雨觀賞。尚可。

天琴座流星雨

活躍於4月16日～4月25日。高峰期在4月22日～23日晚間

來自天琴座織女星方位的這場春季流星雨，終於為冬季至早春的流星雨枯竭期畫下句點。儘管這場流星雨的輻射點其實位在一旁的武仙座，但因為織女星明豔照人，加上1930年以前星座之間界線定義較鬆散的緣故，人們還是習慣將它連結到天琴座。1930年，國際天文聯合會仔細界定並規範了88個星座的分界，以致天琴座流星雨的輻射點跨過邊界，進到了武仙座。或許我們應該把它稱為武仙座流星雨（Herculids），不過傳統畢竟是傳統。

速度中等：每小時107,825公里

近幾年觀賞狀況預測：
- 2017年：雖有殘月，但不致影響流星雨觀賞。理想。
- 2018年：娥眉月很早便會落下。理想。
- 2019年：虧凸月將嚴重干擾流星雨觀賞。不良。
- 2020年：時值新月。理想。
- 2021年：盈凸月會干擾流星雨觀賞。不良。

觀察練習： 雖然天琴座流星雨的輻射點要等到黎明前夕才會來到最高位置，但你在4月22日仍可提前從11:00 p.m.開始觀賞，屆時織女星與同伴們將自東北方天空升起，彷若競相綻放的頭一批春花。可預期的流星密度在每小時10～15顆。天琴座流星雨源自佘契爾彗星（Comet Thatcher）。

仙后座

英仙座

五車二

昴宿星團

8月12～13日凌晨1 a.m.左右面朝東北方

▲ 通常觀賞時間在8月中旬，這時天空清澈、溫度宜人，可輕易看到英仙座流星雨。英仙座流星雨的輻射點就位於仙后座「W」下方的英仙座，自七月下旬便開始活躍，所以即便在高峰期遇上多雲天氣，也不必太過擔心。圖片提供者：鮑伯·金恩；來源：Stellarium

英仙座流星雨
活躍於7月13日～8月26日。高峰期在8月12日～13日晚間

　　涼爽夜晚加上繽紛絢爛的英仙座流星雨，也難怪它是全年中最受人們喜愛的流星雨。就算你從沒聽過英仙座流星雨，但我相信你必曾在8月晚上仰天凝望星空時看到過其中幾顆。此流星雨的輻射點位居東北方天空的英仙座，就在仙后座的「W」下方不遠處。

　　在沒有月光的漆黑夜晚，每小時你會看到50～75顆流星。英仙座流星雨充分展現它豐富多樣的流星姿容：從細條狀的黯淡流星、火流星，到留下持久流星痕的拖尾流星。至於最佳觀賞時機，正如大部分流星雨，是要等到輻射點攀升至天空最高處時；英仙座流星雨的此一時點發生在黎明前的早晨時分。109P斯威夫特-塔特爾彗星（109P Swift-Tuttle）是它的母體彗星。

高速流星：每小時133,575公里

近幾年觀賞狀況預測：

- 2017年：虧凸月會稍微影響流星雨觀賞。尚可。
- 2018年：時值新月。理想。
- 2019年：盈凸月會干擾流星雨，但它在黎明前1小時左右沉落後便是極佳觀賞時機。
- 2020年：處於殘月較粗之時，多少影響流星雨觀賞。尚可。
- 2021年：娥眉月會在流星雨展開前沉落。理想。

獵戶座流星雨

活躍於10月4日～11月14日。高峰期在10月21日～22日晚間

　　這又是一場哈雷彗星餽贈的流星雨！哈雷彗星在朝向太陽的回歸路徑上釋出的流星體，在獵戶座熾烈的紅橙恆星參宿四近旁綻放開來。

觀察練習：當獵戶座升起於東方天空時，你可自午夜開始進行觀賞，但流星雨的最佳觀賞時機，是在2～5:30 a.m.，當獵戶座接近子午線時。你可期待每小時看見20～25道快速的閃光。獵戶座流星雨的密度只能算是中等，但它的流星速度奇快無比，所以觀賞起來也是相當過癮。

　　它和另外幾個流星雨一樣，平凡之中埋有伏筆，往往令人瞠目結舌——回顧它在2006年～2009年爆發的流星雨，觀測者當時看到了2倍於往常的流星數量。彗星偶爾會在繞行太陽軌道時，噴出比往常濃密的塵埃軌跡「絲狀體」（filament）。當地球穿過其中某絲狀體所在區域時，我們將能見到的流星將爆增許多。

高速流星：每小時148,000公里

近幾年觀賞狀況預測：

- 2017年：時值新月。理想。
- 2018年：接近滿月的月相嚴重干擾流星雨，直到月落，但大約1小時後就天亮了。不良。
- 2019年：下弦月多少會影響流星雨觀賞。尚可。
- 2020年：上弦月會在流星雨展開前沉落。理想。

金牛座南、北流星雨

活躍於9月7日～12月10日。高峰期：10月23日～24日晚間（金牛座南流星雨）；11月11日～12日晚間（金牛座北流星雨）

金牛座南、北流星雨（Southern and Northern Taurids）的輻射點皆位在金牛座昴宿星團附近。

雖然兩者的活躍期間長達數週，但每小時的流星密集度僅寥寥7顆，你或許會覺得即使錯過也毫不可惜。但請注意，雖然它們無法以數量取勝，卻有著傲人的亮度。每年10月或11月間，金牛座流星雨總會以慢速火流星突然點亮冷冽的夜空。如此磅礡氣勢歸功於恩克彗星（Comet 2P/Encke）以及地球大氣的配合。金牛座在天上達到最高點的時間，約莫為10月中的凌晨2:00 a.m.以及11月中的午夜時分。

低速流星：每小時62,765公里

2股流星雨的最佳觀賞時機是在10月下旬至11月中旬，趁月亮隱匿或尚未發展成半弦月時的10:00 p.m.到5:00 a.m.觀賞。

獅子座流星雨

活躍於11月5日～11月30日。高峰期在11月17日～18日晚間

獅子座流星雨以它在1833年、1866年、1966年和2001年所展現的壯觀流星暴（meteor storm）著稱，除此之外，每年它也穩健地從獅子座的鐮刀內向地球發射流星雨。一般情況下，它每小時射出15顆流星，但是每隔33年，當它的母彗星回歸至近日點附近時，我們所目睹的場景規格便要大出許多——即流星暴。我還清楚記得，為了觀賞1966年的流星暴，當時我特地在黎明前起床，從家中客廳望向窗外，期盼天空中黑壓壓的雲層趕緊散開。但那一片灰暗始終籠罩著天空。

命運之神終於在2001年眷顧了我；我們一家大小把毯子鋪在自家車道上，大家仰望著接二連三劃過天際的閃亮光球，令人讚賞的還包括一些拖著長長尾巴的火流星。縱然和1866年及1966年那2次徹底震撼現場觀星者、每小時動輒達10萬多顆的獅子座流星雨沒法相比，但那場流星雨仍是我這輩子所見最壯觀的流星雨。

可惜的是，我們還得等上好一陣子才會發生下一場流星暴。地球在2099年之前都沒機會通過獅子座流星體中任何高密度的微粒雲。當它在2031年及2064年回歸時，我們見到的會是每小時將近100顆的獅子座流星雨。雖然未盡人意，但也沒什麼好抱怨的。我們未來要繼續留意獅子座流星雨，尤其是天空中看不見月亮的那幾年會最有看頭。獅子座流星雨最出名的特色，便是它的火流星，還有在天空中久久不散的流星痕，以及迅捷的速度。它的每顆流星都出自坦普爾—塔特爾彗星（Comet 55P/Temple-Tuttle）母體上的一小塊碎屑。

天空中最快的「槍手」！速度：每小時254,275公里

近幾年觀賞狀況預測：

- 2017年：時值新月。理想。
- 2018年：盈凸月早在輻射點攀至最高前便已落下，營造出絕佳觀賞時機。
- 2019年：下弦月會嚴重影響流星雨觀賞。不良。
- 2020年：娥眉月於黃昏時下沉。理想。

五車二

御夫座

北河二

北河三

獵戶座

天狼星

12月13日大約10 p.m.時面東

▲ 雙子座流星雨是現今規模最大的流星雨，大約在12月13日達到高峰，別忘了整裝待發。和其他流星雨不同，雙子座流星雨的輻射點在剛入夜時便已爬至東方高空，因此很容易觀賞。圖片提供者：鮑伯·金恩；來源：Stellarium

雙子座流星雨

活躍於12月4日～12月16日。高峰期在12月13日～14日晚間

　　這是大約在1860年代初才開始出現的流星雨，源自3200號小行星（3200 Phaethon）。從首次出現至20世紀初，它在天空所能點亮的流星每小時不過20～30顆。但在那之後，雙子座流星雨的密度逐年增加，如今已成為每年規模最大的流星雨，每小時約有100顆流星。

　　你會看到許許多多燦爛的流星自雙子座最亮的2顆星北河二及北河三近旁冒出。由於它的輻射點在10:00 p.m.左右便會來到東方高空，你從入夜開始便能展開觀星活動，因此是最適合孩子們欣賞的流星雨。但還是要記得穿暖一點。

　　速度中等：每小時121,140公里

　　近幾年觀賞狀況預測：

- 2017年：殘月在午夜之後升起，稍微影響流星雨。尚可。
- 2018年：娥眉月月相。理想。
- 2019年：滿月再度干擾流星雨觀賞。不良。
- 2020年：時值新月。理想。

小熊座流星雨

活躍於12月17日～12月23日。高峰期在12月21日～22日晚間

　　小熊座流星雨（Ursids）也叫做「冬至流星」（solstice meteors），因為它們發生的時點落在入冬的第一天或前後幾日。在它到達極大期的清晨，你能看到小北斗勺中每小時散射出5～10顆流星。

　　你住的地方愈靠近北邊，就看得愈清楚。若你人在美國南方，這場流星雨會遜色不少，因為這時它在北方天空的輻射點位置偏低。小熊座流星雨偶爾也會讓你每小時看到25顆流星。它的母彗星是8P塔特爾彗星（8P/Tuttle），這已是我們第三次見到霍勒斯·塔特爾的名字與流星群扯上關係了。

　　速度中等：每小時115,870公里

　　近幾年觀賞狀況預測：

- 2017：娥眉月很早便會沉落。理想。
- 2018：滿月將嚴重干擾流星雨觀賞。不良。
- 2019：殘月會稍微干擾流星雨觀賞。尚可。
- 2020：上弦月在極大期之前便會完全沉落。理想。

談談隕石和隕石收藏

　　每年都會發生這麼多場流星雨，此刻你大概會想，人們應該曾在現場找到過一些墜地的隕石，並且辨識出它們來自哪顆母彗星。但事實並非如此。目前從目擊者在流星雨現場所發現或收獲的隕石中（截至2016年為止），還沒人能夠具體指證任何一塊隕石來自哪顆彗星。乍聽之下或許讓人詫異，但其實根本毋須多想：流星雨所挾帶的碎屑本來就不大，何況多已燒成了細小塵粒。先前我們提過，目前已知的所有隕石，不論是墜落於古代或是不久前才到來，幾乎均源自小行星撞擊形成的殘骸。或許其中少許黑色易碎的隕石來自彗星，但機率很低，而且沒人能夠查證。

　　我們也不清楚天上墜落的隕石是否大多落到了海洋或杳無人跡的荒蕪之地，但每年都有5～10例被人目睹的隕石墜落事件，且嚇壞了現場民眾，接著他們隨著科學家與隕石獵人翻山越嶺搜尋、檢視每一塊行跡可疑的「黑色石頭」。

　　2013年2月15日，俄羅斯的車里雅賓斯克小鎮（Chelyabinsk）上空出現了一塊幾乎重達12,700公噸的流星體，衝進大氣的速度超過每小時67,590公里。它在數倍於音速的高速下撞擊空氣產生巨大壓力，隨即炸成碎片，爆炸震波撼動了下方整座城鎮，粉碎了無數房舍玻璃。四處散射的碎玻璃還造成多人受傷。

　　當時那顆岩質小行星炸裂成的數千片殘骸（大多都是小石塊），在冰雪覆蓋的地貌上留下無數像是由大號獵鹿彈射出的彈孔般的孔洞。熱中搜集碎片的鎮民找到遍布勻稱小洞的雪堆，然後挖除白雪，從中挑出剛從外太空抵達的美麗黑色石塊！

　　大部分隕石在穿越大氣層時會被熔化，因此隕石外層通常會包覆著厚1～2公厘的黑色「熔殼」（fusion crust）。將一顆新鮮隕石對半剖開，裡面通常看來像是夾雜著鐵鎳金屬的灰色固體。隕石墜落時的受熱過程其實相對短暫，只會影響到隕石表層。你大概認為空氣摩擦力會讓隕石處於高溫，但其實溫度並不如你想像的高。絕大熱度來自隕石下墜時最前端遭到的空氣阻

▲ 亞利桑那州旗桿市以東約60公里處的「隕石坑」，是世上現今保存狀況最好的隕石坑之一。它的寬度達1.2公里，深度為170公尺。大約5萬年前，一顆約50公尺寬的鐵鎳成分隕石砸出了這個巨大坑洞，當時棲息在這片土地上的動物有長毛象、駱駝、地獺等動物。現今在eBay及其他線上拍賣網站，常可見到有人標售這塊隕石的殘片。照片提供者：NASA

▼ 2013年2月15日在俄羅斯車里雅賓斯克（Chelyabnisk）上空炸碎的隕石重達近12,700公噸，並在半空中留下一條巨大持久的煙／塵痕，照片中是它被陽光照亮時的影像。科學家及當地居民後來在附近發現了數以千計的隕石碎片。照片提供者：艾力克斯・阿利西夫斯基（Alex Alishevskikh）

▲ 極光的外形變幻莫測,耀動、色彩繽紛的輻射狀及螺旋光束延展至整片天空。圖中的極光發生於2016年5月7
日,地點在明尼蘇達州杜魯斯市,只見它強烈無比的光焰灑滿整片南方天空。照片提供者:鮑伯・金恩

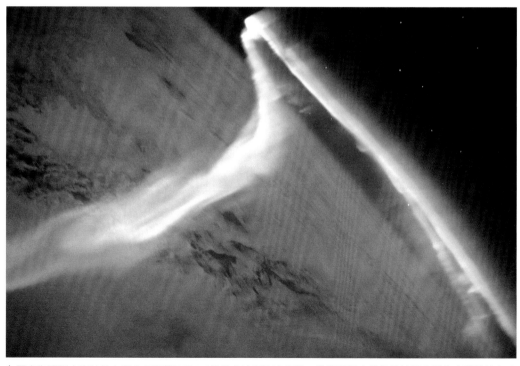

▲ 圖中為國際太空站的太空人在距離地表354公里處拍下的南極光。我們看到它緞帶般蜿蜒曲折的身形盤旋在南
印度洋上空。照片提供者:NASA

▲ 綻放前的極光往往像是在北方低空處一道「安靜」而低調的弧光。照片提供者：鮑伯‧金恩

　　伽利略在1619年創造了「北極光」（aurora　borealis）一詞，其中Aurora取自羅馬神話裡的黎明女神奧羅拉，而Boreas在希臘文中意指北風。在地球彼端與它遙相呼應的南極光（aurora australis），意思則是「南方黎明」。極光之名如實表達了人們目睹此一隆重場景時的第一印象，這時北方天空中光輝四溢，格外明亮的景況一如破曉時出現的旺盛光芒。觀察夜空的人有時會不小心將工業區或鄰近城市的照明當成極光，但極光獨一無二的特徵絕不是任何光線所能比擬。盛放之下的極光絕對不會讓人看走眼，但它常盤旋於北方低空，化身為一條明亮卻朦朧的幽森虹彩。

　　如果你要遠道前去觀賞，千萬別一邊開車、一邊看極光。我有個朋友就因為開車時頻頻查看窗外盛放中的極光，結果把車開到了路面外。我自己也有幾次差點出意外。謹記要立刻靠邊停車——糟蹋了整個晚上還得付拖車費，甚至因此進了病房，非常不值得。

　　觀察練習：對多數人來說，極光的弧光位置太低，會被住家附近擁擠的房舍與樹木擋住，所以要事先做好調查，找出視野中北方天空不受阻礙的地點。為了觀賞極光這項盛大的自然景象，最好選在一個北方沒有城鎮或照明的開闊空間。為了尋找理想的極光觀賞地點，真的讓不少人傷透腦筋。一條東西向道路上某些北邊空曠的路段是不錯的選擇。我觀賞極光時通常也會選擇這類地點。沿著湖泊南岸的道路則是另一選項。在一個寧靜的夜晚，當北極光的閃焰映照在湖面時，更營造出令人屏息的「雙重」盛況。最穩妥的辦法是前往鄉間做個考察，找出可供你往後繼續使用的好地點，那麼每當你接獲極光快要來臨的通報時，便可重返此地進行觀賞。

▲ 當太陽釋出的磁粒子雲連結到地球磁場時，所產生的地磁風暴有時會發展成一場盛放的極光，綻現出快速移動、足以包覆整個天空的光柱與射線。極光舞動得愈激烈，你便愈有可能看到色彩。最常見的是綠色，再來是紅色。照片中是2014年5月3日出現在明尼蘇達州北方天空的極光，色彩繽紛的射線如扇子般展開。照片提供者：鮑伯·金恩

　　我一直強調要朝北方看，因為那是北極光發生時的所在。只有在非常劇烈的太陽風暴發生時，極光才會突然湧至天頂，並延伸至南方天空。大多時候，極光只是靜靜盤旋在北方半空，就如同前面提過像一道頂著微弱發散光線的弧光。但弧光偶爾會變亮，一分為二或裂解成一道道平行光束「射線形弧光」（rayed arc），它們就宛如一群豎起腳尖旋跳著的芭蕾舞者，或被風吹動的打褶布幔上的陣陣波紋。這時天空中的極光忽隱忽現，往往可舞上整整1個小時或通宵達旦。

　　極光常常突如其來，然後以絢麗之姿達到高潮，接著再度恢復成北方遠處一道平靜的弧光。它的每次登場都是獨一無二，並以自有的步調各現風采。大家都喜歡壯麗景象，但你或許也會為那靜止的弧光中緩緩細微的變化感到著迷。當我們靜下心來仔細探索大自然的奧妙，從容不迫、毫無所求地留意周遭的一切現象，便會發現細微事物中隱藏的奧義。

　　對於極光，人們最常問的2個問題，就是何時何地可以欣賞。我的回答是：愈靠近北方、愈接近午夜愈好。極光大多發生在高緯度地區：加拿大中部及北部、阿拉斯加、西伯利亞，和斯堪的納維亞半島上北方諸國，當然，還有南極洲。極光很少出現在中緯度地區，且幾乎不太可能在赤道國家看見。

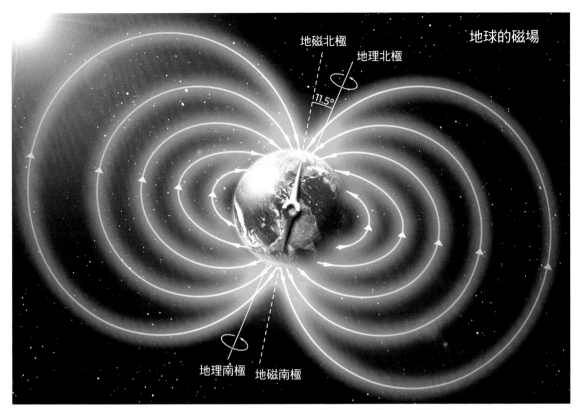

地磁北極　地理北極　地球的磁場

11.5°

地理南極　地磁南極

▲ 地心外核的電流繞著地球產生磁場，可保護我們不受強烈太陽風侵襲，同時也將太陽風導上正軌，使之連結地球磁場，讓高速粒子沿著磁場線進入大氣層上緣。當這些粒子與大氣中的氧及氮原子發生撞擊，便產生了極光。圖片提供者：彼德·雷德（Peter Reid）

　　在美國邊境地帶的幾個州，如密西根州、明尼蘇達州、北達科他州，和華盛頓州，每年平均有20～30個晚上，北極光會翩然現身一下。但是到了美國中部及南部，次數便降至每年1～7晚，相當於位在歐洲中部時的頻率。別太把這些統計數字放在心上。極光活躍的程度，每年都會隨著太陽風暴大小出現劇烈變化。在太陽活動的極大期「太陽黑子極大期」（solar maximum）及後續幾年，極光出現的頻率較高。極光和天氣一樣變化多端，預測經常失準，大家要先有心裡準備。

　　所以極光是怎麼發生的？一切要從地表下2,900公里處說起。在那兒，地心外核中劇烈翻騰的液態鐵鎳金屬隨著地球自轉而旋轉，所產生的電流形成了我們看不見的磁場。磁場向地球以外延伸，彷彿在南北兩極間形成一根磁棒。於是，羅盤上的指針便會指向地球的北極。

　　於此同時，遠在14,967萬公里外的太陽，正源源不斷地從表面釋放出稱為「太陽風」（solar wind）的高熱氣體。這些帶電的次原子粒子（解離的電子與質子）所形成的微型風暴，以大約每秒400公里的速度，從太陽朝地球直撲而來，也一路吹拂到系內的其他行星，宛如熱帶洋面上永不間斷的信風。當太陽噴出較為大量且強烈的氣體（稱做「日冕物質拋射」〔coronal mass ejections，簡稱CME〕）時，這股氣體會以超過160萬公里的時速射出。這種現象

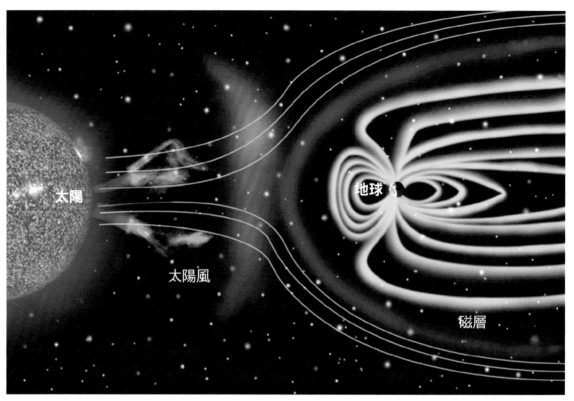

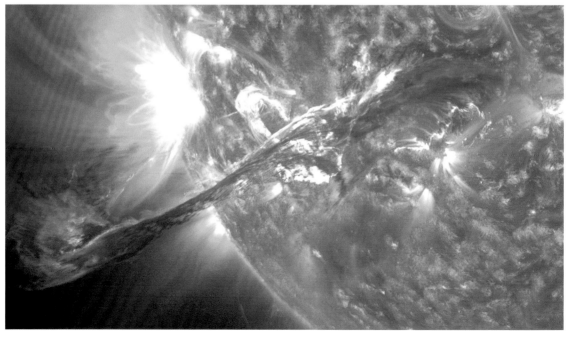

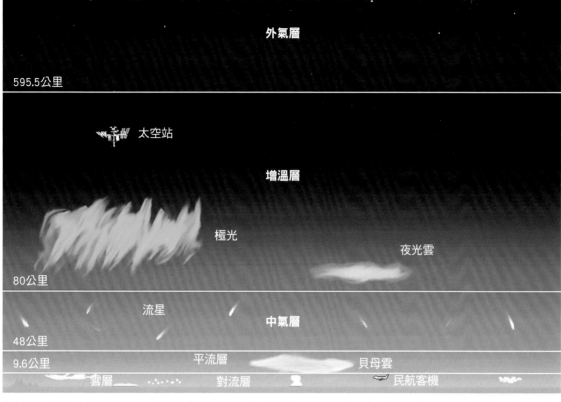

外氣層

595.5公里

太空站

增溫層

極光

夜光雲

80公里

流星

中氣層

48公里

9.6公里

平流層

貝母雲

雲層　　　　　　　　對流層　　　　　民航客機

▲ 多數極光發生在離地面95～145公里的高空中，有的甚至可延伸至1,000公里高空。圖中亦標示大氣中其他常見現象，例如雲層和流星。太空人會定期從太空站上俯視極光！圖片來源：維基百科共享資源

◀（左頁上圖）太陽閃焰拋出強烈的粒子風（白線），形成一道盾形震波（bow shock，紫線），外形如同船隻破浪前進時，在船身邊緣產生的船頭波（bow wave）。如圖所示，地球磁場（藍線）將太陽物質安全地引導開來。非比例圖。圖片提供者：NASA／太陽和太陽圈探測器（SOHO）

◀（左頁下圖）2012年8月31日，太陽噴出熾熱燃燒的氫焰。隨爆炸衝擊波射出的電子和質子以高速進入太陽系中，其中有部分在3天後抵達地球，與地球磁場連結，激發出一場極光秀。磁性指向南極的太陽風粒子較有可能「穿透」地球磁層防護罩。指向北極的太陽風粒子通常都會從地球旁無害通過。照片提供者：NASA／太陽動力學天文台（SDO）／AIA

有時是受到稱做「太陽閃焰」（solar flares）的猛烈風暴所致。等到這股太陽風在1～3天後抵達地球時，地球的磁場通常會讓這群粒子轉向，於是它們便不著痕跡地呼嘯而過。

　　但是當特定條件成立時，太陽風或日冕物質拋射的衝擊會和地球磁場交互作用，產生強大電流，太陽粒子（多半為電子）會順勢盤旋而下進入大氣，來到極地上空，宛如許多消防隊員沿滑桿蜂擁而下一般。在下降時，加速中的粒子與上層大氣中的氧、氮原子和空氣分子相撞，並賦予這些粒子能量。片刻之後能量釋放，生成了細微的綠色、紅色和藍色光紋，大氣再度恢復先前的一般狀態，準備迎接下一波太陽粒子。當數以兆計的氧及氮原子紛紛射出極其細微的光束，景象必定像是原子世界中正在發生一場驚人的雷射大戰。而在人類眼中，這數不盡的能量迸發便成了色彩繽紛、造型多變的光芒：北極光。

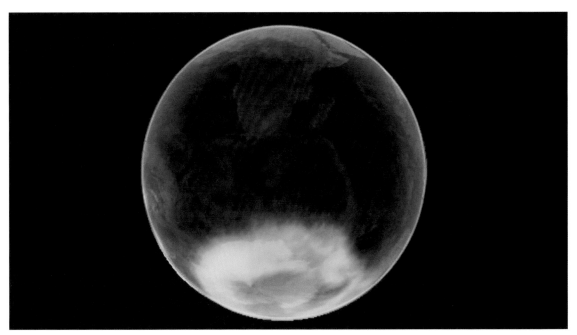

▲ NASA的IMAGE衛星於2004年7月26日飛越南極上空時，捕捉到的南極光橢圓區影像。照片提供者：NASA／加州大學柏克萊分校

　　最常見的黃綠色極光，是離地表95～145公里的激發氧原子所產生。在介於離地150～250公里高空更稀薄的空氣中，氧原子還會迸射出紅光。在極光蘊釀時，你通常會見到北方天空蹲踞著一條或數條微綠弧光，隱約之間還有幾條紅光射向天頂；只見空氣中矗立的這許多發亮光柱，自底部到頂端，幾乎高達161公里。極光盛大展開時，位在底端的活躍氮分子會散放出深紫紅色光芒。而氮分子的碰撞效應，若再加上傍晚和拂曉時，受到太陽以低斜角度映照的微光刺激，更會散放出柔弱的藍紫色光。當移動較慢的電子在高空和氧原子相撞，便會出現整片紅色天空的極光奇景。

　　高速移動的太陽粒子會從太陽磁蓬（magnetic canopy）的缺口逃出，此一缺口即「日冕洞」（coronal holes）。整個太陽表面都被密閉的磁場緊緊涵蓋，防止任何太陽粒子脫逃。然而日冕洞卻是百密一疏中的漏洞，太陽磁場在該處失去效力，使得電子和質子可任意離開，且脫逃時會產生每秒高達805公里的流速。在特定條件下，它們也能和地球外的磁泡連結，促成北極光綻放。不論強度或色彩，這種極光都比不上太陽閃焰所引發的那般輝煌奪目，卻能一連出現好幾晚，而且表現得較有節制，不致妨礙人們觀賞星星或流星。

　　太陽每27天自轉一周，而日冕洞的影響有時卻長達數月，因為每個日冕洞就像是草坪上的旋轉灑水器般，每隔4個星期就可再次灑到地球。所以當你發現，某次極光是由某個日冕洞所導致，便可在月曆上標示出4個星期後可能發生的下一次極光。

　　你會常聽到人說，觀賞北極光最好的時節是在初春和初秋，也就是大約在春分或秋分的時點。這個說法確實有一定可信度，由其我們了解太陽自轉軸側傾7.5°，因此某些日冕洞會在這

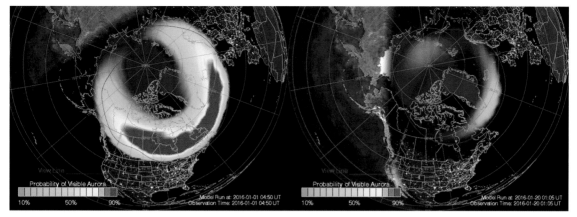

▲ 強烈的太陽風吹襲地球時，極光橢圓區會向南延伸，活動也更加活躍（圖左）。在平靜的狀況下（圖右），橢圓區則只會停留在高緯度地區。極光橢圓區是以地磁南北極為中心的永久性區域。當你聽說可能有極光發生時，先查詢「極光30分鐘預報網站」（Aurora - 30 Minute Forecast），看看橢圓區是否朝你的方向往南移動。照片提供者：國家海洋與大氣管理局

些時點更直接地「對準」地球。在3月初，太陽的南半球會偏向地球；6個月後，則換成太陽的北半球傾向地球。

　　接近地面較低處的綠色弧光是最常見的極光形態，但其實它僅位於「極光橢圓區」（auroral oval）的最外緣。地球共有2個極光橢圓區，且範圍甚廣——其中一處以北冰洋上的地磁北極為中心，另一處則環繞著南極洲東北海岸的地磁南極。我們會把焦點集中在北半球的極光橢圓區，因為去那兒觀賞極光的人遠比南半球來得多。

　　地球的液態地心外核晃個不停，形成了地球的磁極，這裡不僅是地球磁場最強的地方，也是指南針指向的位置。若從外太空向下看，極光橢圓區像個由噴槍噴出的圓圈，在地球的白晝面，蒼芒的脆綠色調環繞著地磁兩極收斂，在黑夜面則向南擴散。估計每個橢圓區大約綿延4,000～5,000公里，略長於橫跨美國大陸的距離，而寬度則在480公里左右。地球自轉時，南北2個極光橢圓區在空中的位置維持不變。

　　在未受太陽粒子吹襲、相對平靜的情況下，這時的北極光橢圓區會橫跨挪威北方、加拿大的哈德遜灣區、北阿拉斯加，和西伯利亞北部。對於位在這個區域的觀賞者來說，幾乎全年每天晚上都能看見極光。在附圖中，你可看到極光橢圓區大約會在當地的午夜時，在地球黑夜面往南延伸得最遠。舉例來說，隨著地球自轉，北美跟北歐城市大約在午夜（或日光節約時間的1 a.m.）時最靠近橢圓區的邊緣。由此可見，極光通常會在當地的午夜前後最為活躍。

　　當遇上日冕物質拋射、太陽閃焰，或日冕洞與地球磁場聯動時，橢圓區便亮了起來，向南延展的幅度會是平常的3倍或更大，活動也變得十分旺盛。太陽風暴愈是強烈，橢圓區就愈大，而橢圓區愈大，便愈靠近加拿大南部和美國的城市。1989年3月發生巨烈太陽風暴期間，橢圓區曾一度膨脹到北緯40°，橫貫全美國核心地帶。你並不須等到橢圓區覆蓋在你頭頂正上方才能見到極光。因為所有太陽粒子的激化作用都是發生在離地96公里或更高的大氣中，所以我們大老遠就能看見極光，這道理和我們能從數英里之外眺望遠山一樣。所以當你下次看到北方低空露出綠色弧光時，你便曉得你看到的地方是遠在1,000公里外極光橢圓區的最外緣！

大規模極光出現時，橢圓區的帶狀範圍會變寬，在此間的觀測者所見，寬廣的極光範圍會自北方越過天頂，蔓延至彼端的南方天空。這時在黑暗中仰望天上，彷彿出現了一隻超級巨大的鐘形水母，隨著太陽風反覆無常的節奏，不時舒張、又收縮著軀幹。當層層極光自天頂垂落，我們向它們的底端直直看去時，會察覺在空中頻頻脈動的光束竟匯集於天頂旁的某一點。這種極光景象稱為「極光冕」，往往出現於極光達到最鼎盛之時。國家海洋與大氣管理局24小時不分晝夜地對太陽進行觀測，並經營一個很棒的即時網站「極光30分鐘預報」（http://www.swpc.noaa.gov/products/aurora-30-minute-forecast），可以提供近乎即時的極光橢圓區動態。若你看到橢圓區朝你的方向「蔓延」，那麼就可慢慢等待北極光現身。

聽得見極光嗎？

　　大規模極光出現時，有些人反映他們聽到了窸窣作響或清脆的爆裂聲。儘管我觀賞過不下數百場、從柔和到狂野的極光，但無論我再怎麼努力張大耳朵，也從沒聽到任何聲響。有證據顯示，「電聲傳導效應」（electrophonic transduction）可藉由周遭的傳導物，將極光所釋出、一般來說特低頻（VLF）的無線電波轉換成聲波。金屬鏡框、地上的草，甚至修補牙齒的材質，都可能將電波能量轉換成低頻電流，從而產生人類能聽見的震波。流星的觀賞者也提到過類似的嘶嘶聲或劈啪噪音。不過，想到極光的發生地點極為遙遠，又在距離地表如此高的天上，而那裡空氣極其稀薄，所以即便真有這些聲音出現，也絕不是人們「直接」聽到了極光，而是「經由」其他物體間接傳來。

　　我們或許能透過想像來「傾聽」極光，在腦中想像光芒迸裂或迅速變動時所發出的聲響。就像你欣賞一部戰爭片時，把聲音關掉幾分鐘，你可能會發現仍可聽見槍炮聲或炸彈爆炸聲。畢竟我們在影像與聲音之間建立的連結極難撼動。同樣地，當驚人的極光出現於一片靜謐中，可能也會促使你期待聽見吵雜音訊或嗖嗖響聲。何況這也不是人類第一次被感官欺瞞。下回當極光出現在你眼前，若你覺得有聲音嘶嘶作響，不妨

◄極光強烈時，絢麗帷幔自天頂垂掛而下，形成極光冕。有人將此景象比喻成群蛇舞動，或龐大的幽冥之鷹。照片提供者：歐爾・薩魯曼森（Ole Salomonsen）／極光攝影

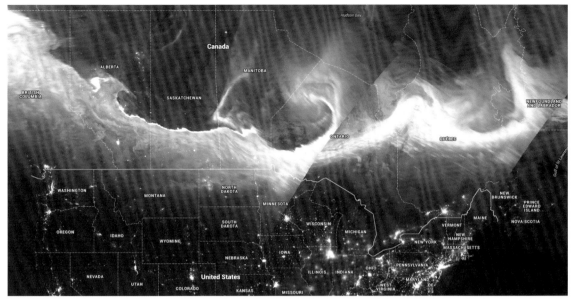

▲ 2009年9月9日，索米國家極地軌道夥伴衛星從軌道上截取到一張強烈的北極光盛放下的區域影像。萬分詭譎！照片提供者：NASA／太空科學與工程中心（SSEC）

做個試驗。掩住雙眼，再仔細聽聽看。還聽得見極光嗎？

　　假如你跟我一樣拙於辨認極光的聲音，或許可以考慮買一台手持式的特低頻訊號接收器。這個好玩的設備，可以將太陽風對地球磁場發生干擾時所發出的特低頻電波，轉換成可以透過耳機聽到的聲音。幾年前我買了一台，目前最新的WR-3型「Natural Radio」網上仍有在賣，售價135美元（http://www.auroralchorus.com/wr3order.htm）。這是一組裝在小金屬盒裡的元件，上面有條長天線，只需使用1枚9伏特電池。它的開關同時也能用來調整聲音大小。只要插上耳機，你就可以開始聽了。這裡已把所有秘訣都告訴你了。

　　除了極光，這個接收器還會讓你聽到包括在電線與家中電器流通的交流電所發出的「怪異」雜音。若想聽到地球所發出比較細微的旋律，你得身在那些音源0.4公里～0.8公里的範圍內。我會開車前往鄉間一處「聽不到無線電波」的空曠地點，開關打開後，將天線高高指向天空。避免站在樹下──樹木很容易吸收你想偵測的低頻電波。

　　剛開始你會聽見遠方雷鳴傳來的破碎雜訊，聽起來就像車上收音機發出的雜訊。打雷時不僅會有閃光，也會產生看不見的電波能量。接收器的轉換功能會把這股能量轉成我們常聽到的雜訊，以及比較陌生的尖銳「咻咻聲」和「口哨聲」，聽起來有點像是二次世界大戰B-17轟炸機的炸彈在落地前發出的聲響。

　　等到極光開始活躍，你便會聽到有生以來最奇特的一些聲音。常聽極光的人將其形容為「晨間合唱」，因為怪的是，那聲音聽起來就像日出時的蛙鳴與鳥囀。不必著急。雖然許多晚上你聽到的，絕大都是幾千英里外暴風雨中雷電造成的爆裂聲或吱吱聲，但只要你定期到鄉間眺望天空，便有機會把接收器的天線調校到對的方位，聽見太陽和地球展開一場別開生面的「電氣交談」。

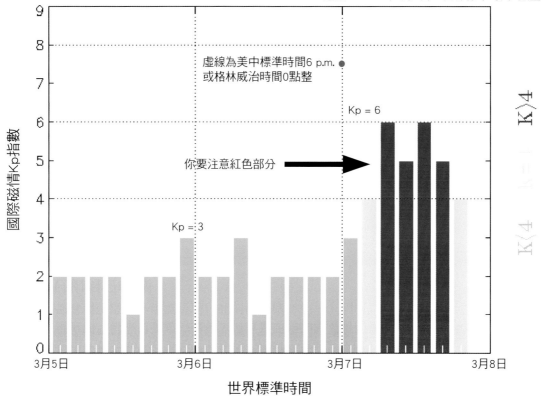
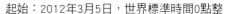

地磁擾動K指數預測（3小時資料）

起始：2012年3月5日，世界標準時間0點整

虛線為美中標準時間6 p.m.
或格林威治時間0點整

Kp = 6

你要注意紅色部分 ➡

Kp = 3

國際磁情Kp指數

K〉4 K=4 K〈4

世界標準時間

3月5日　　　　　3月6日　　　　　3月7日　　　　　3月8日

資料更新，2012年3月7日，世界標準時間23:35:06　　　　國家海洋與大氣管理局／太空天氣預測中心，美國科羅拉多州波德市

▲ 此圖來自太空天氣預測中心，標示出地球磁泡內的地磁活動（K值與Kp值），每3小時會線上更新一次。當Kp值小於或等於4，通常極光不會發生，但當Kp值升至5、6、7，甚至更高，你就可以穿上外套，到戶外去等候極光了。圖片提供者：國家海洋與大氣管理局／美國國家氣象局

如何曉得今晚是否有極光？

鄭重警告！極光預報就跟平日的氣象預報一樣──雖說有一定的準確度，但可別過度期待。科學家把太陽風和地球間的互動的研究稱為「太空天氣」，確實有它的道理。

首先，你要到國家海洋與大氣管理局太空天氣預測中心（Space Weather Prediction Center）網站上的「Product Subscription Service」（訂閱服務，網址：pss.swpc.noaa.gov/RegistrationForm.aspx）網頁註冊，申請（免費）收到有關太陽噴發的緊急通報、預測和摘要。它還提供不少其他Email通知服務，下面列出了我最愛用的一些。等你完成線上註冊後，都可在「Advisories」（諮詢）和「Forecasts and Summaries」（預測與摘要）之下找到這些服務。

一旦你順利完成註冊，成為訂閱服務的收件人，得先熟悉2個主要術語：Kp指數與Bz。請恕我在接下來一小段文字裡會提到稍具技術性的內容，但請別跳過──都是對你很有幫助的知識。你收到的每份報告上都會提到這幾個術語。「Kp」是太陽風所導致的地磁擾動的強度指數。從0～9共分10級，是由全球13個地磁台使用地磁儀（測量地球磁場強度的設備）進行測量所得數據匯整的結果，每3小時更新一次。

寄到你電子信箱的每一份預報裡，都包含Kp指數的估計值。打開郵件後，你只需很快地看一眼是否有出現任何數字「5」。「7」則代表一場強烈的太陽風暴。

若是Kp指數小於5，看見極光的機會就相當渺茫，或甚至看不到。Kp指數等於5則代表能在加拿大南部和美國北部看到較小、或G1等級的地磁風暴（共分為5級：G1弱、G2中等、G3強、G4強烈，以及G5極強）。當Kp指數來到6或7，不但極光增強了，極光橢圓區也向南方延伸。這時整個美國中部和中歐一帶的觀賞者，便有幸在他們平常見不到極光的天空中，目睹舞動的粉紅、綠色光彩。

沒有很難，對吧？我們接著講Bz。太陽風中波濤洶湧的粒子全都繼承了太陽磁場的特性。於是，這股蜂擁而至的粒子也像磁鐵般擁有正、負兩極。

大多時候，保護著地球的磁場都能擋掉粒子，讓地球不受傷害。但萬一有股磁性方向朝南（或稱「負Bz」）的粒子不巧對著地球磁北極噴發，兩者便會互相吸引，形同2塊吸在一起的磁鐵。此時，一條通道便打開了，太陽風中的電子與質子隨即沿著地球磁場線向下長驅直入，進入地球磁場，點燃極光。

假如能夠事先知道朝著地球襲來的太陽風是否帶著磁性方向朝南的粒子，該有多好？這個願望的確也實現了！

實用網站：

· 國家海洋與大氣管理局3日預測：以淺顯文字報導關於地球磁場受到的擾動，有助於了解地球的這層磁泡如何替我們擋掉太陽所拋來的有害物質。來自太陽風中所挾帶的次原子粒子，有時會激發出極光。每天發布2次報導。也可造訪此網址，直接在線上閱讀：www.swpc.noaa.gov/products/3-day-forecast

· 預測討論：漫談式的摘要，內容涵蓋近期與即將發生的太空天氣。其中包括對特定地磁擾動的成因所做的簡短說明。經常提到的原因有太陽閃焰、日冕物質噴發、從太陽射出的熾熱氫焰，以及從日冕洞高速逃離的粒子流束。偶爾，預測人員也無法確定未來的太空天氣情況──就跟電視氣象播報員一樣。直接線上閱讀網址：www.swpc.noaa.gov/products/forecast-discussion

· 地球物理相關預警通知：除非萬分火急，不然一般是每3小時更新一次。訊息中提供目前及未來的太空天氣狀況與預測。直接線上閱讀網址：www.swpc.noaa.gov/products/geophysical-alert-wwv-text

· Kp指數：www.swpc.noaa.gov/products/planetary-k-index

· Bz說明：www.swpc.noaa.gov/products/real-time-solar-winds%20

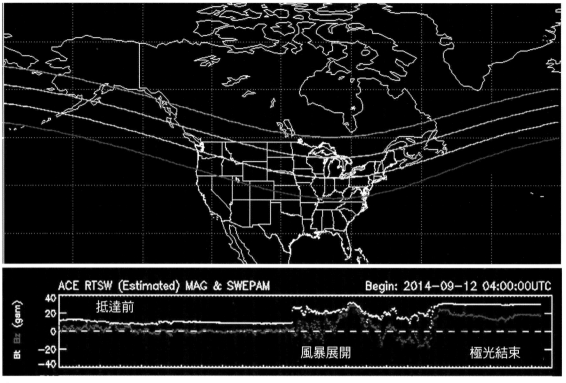

ACE RTSW (Estimated) MAG & SWEPAM   Begin: 2014-09-12 04:00:00UTC

抵達前

風暴展開   極光結束

▲ 此圖可讓你看出Kp指數和極光出現在你家附近機率間的關係。唯有極強烈的地磁風暴（Kp＝8、9）才能發展到美國南部地區。圖片提供者：國家海洋與大氣管理局／美國國家氣象局

▲ 這張看似複雜的圖示其實遠比你想的簡單。紅色扭曲線條反映了2014年9月12日由先進成分探測器所記錄、不斷變動方向的太陽風。當Bz為負值（太陽風粒子磁性方向朝南）時，見到極光的機會也會增加。如果Bz值升過了白色破折線，極光出現的機會就極為渺茫。圖片提供者：國家海洋與大氣管理局／國家氣象協會（NWA）

　　自1997年以來，我們一直仰賴NASA繞行在第一平動點（L1 libration point，又稱第一拉格朗日點）上的「先進成分探測器」（Advanced Composition Explorer，簡稱ACE），該處為太陽與地球間引力達到平衡的5個近地點之一。部署於此的衛星跟著地球一起繞著太陽運行，相對之下像是停在太陽與地球之間不動，因此能夠肩負遠端觀測台的任務。

　　ACE遠在地球往太陽方向150萬公里處，扮演著早期預警監測站的角色。對於從太陽奔襲而來的粒子，探測器會偵測其方向、強度與磁場等詳細數據，只要危險的太陽風暴發生，便能讓地球提早約1小時收到預警。2016年，NASA的「深太空氣候觀察衛星」（Deep Space Climate Observatory，DSCOVR）取代了ACE，前者偵測太陽射出物質的功能更為敏銳。請務必記得造訪國家海洋與大氣管理局網站的DSCOVR區（www.nesdis.noaa.gov/DSCOVR/），查看最新消息與照片。無論你身在何處，本章末列出的免費手機app可幫助你隨時掌握極光動向。或是在推特上關注@NorthLightAlert，如此也能在地磁風暴到來前收到預報。

　　我個人便充分利用以上各種管道，也會造訪稍早提到的「極光30分鐘預報網站」留意極光橢圓區的發展，以便爭取看到極光盛景的機會。再來，就得盼望老天賞一個清澈天空。

▲ 北極光在相機拍出的照片中（圖左），遠比肉眼所見（圖右）更加生動多彩，因為長時間曝光下，光線聚集在相機中的一個感光「元件」，強化了實景中模糊的色彩對比。然而，肉眼在當下所見的色彩呈現通常較為細膩。現場觀看的盛放極光，其鮮明的紅、綠光焰，有時與照片中的色彩不分軒輊。照片提供者：鮑伯·金恩

極光照片中的真實性，以及拍攝技巧

　　你在照片中看到極光綠色、紅色和藍色的華麗景象縱然不假，卻稍顯浮誇，因為那是透過長時間曝光拍出的。相機快門打開後，光線集中在電子感光元件，為模糊昏暗的目標增添亮度與生動感。相反地，我們的眼睛只能捕捉影像瞬間，在光線微弱下感知色彩的能力尤其不足。資深觀察者在看到色彩繽紛的天文照片時都心知肚明，當然那也包括極光照片。

　　但是，新手外出觀賞極光時，心中仍只記得先前看過的極光照片，等到看見了真實景象，難免感到失望，甚至覺得掃興，那滋味就不太好受。不但照片中的動感消失了，也抓不住極光盛放時，脈動、變幻間那份微妙、迅捷，生命力十足而多彩的容貌。更不用說極光也不會無時無刻呈現鮮明色彩。但有時候，整片北方天空宛如掛著一大張紅形形的布幔，情急之下，你會大聲呼喊朋友們馬上出來看。所以我認為你該拍下幾張極光的照片，然後將影像調節至呈現出肉眼所見的風貌，如此一來，或許較具啟發性。照片不只揭露原貌，也可加以美化。

實用網站：

- 五大湖極光獵人極光預報：www.facebook.com/GLAHalert/
- 極光30分鐘預報：www.swpc.noaa.gov/products/aurora-30-minute-forecast
- 用來聆聽極光的特低頻接收器：www.auroralchorus.com/wr3order.ht
- Tinac公司的免費極光預測：https://itunes.apple.com/us/app/aurora-forecast./id539875792?mt=8
- 免費極光預報：https://play.google.com/store/apps/details?id=com.jrustonapps.myauroraforecast&hl=en

觀察練習：

這裡教你如何拍出可分享到臉書的傲人極光照片：

1. 找個天空開闊的場所。雖然北極光一般在北方現身，但常常也會延伸到東西方，甚至還會向上延伸！

2. 使用三腳架和數位相機（別用智慧型手機上的）：即使拍攝最亮的極光，也需要至少5秒的曝光時間。不少「隨拍相機」款的延時曝光能力都有限制，一般只有15秒。儘管秒數足夠，但拍攝明亮的極光，還必須同時提高「快門時間」或ISO值來增加相機的感光度。ISO調得愈高，影像的顆粒也愈粗，特別是初階相機，但最起碼你能捕捉到畫面。中高階款相機能把極光的色澤與外形拍得相當理想。

3. 廣角鏡：使用變焦範圍16～35公厘或同級的廣角鏡，可同時將極光和前方景物一起拍下，如此可為你的整體構圖增添美感。

4. 光圈：把鏡頭光圈調到最大設定，一般會在f/2.8、f/3.5或f/4。f後的數字愈小，相機感光元件的進光量便愈大，所需曝光時間就愈短。你會希望盡量縮短曝光時間，以捕捉最細膩的細節。長時間曝光會模糊極光的外形，讓光束變得較不銳利。

5. ISO值：面對較亮的極光，可把ISO值調到800，較昏暗時則調至1600。分別嘗試10秒～30秒的曝光時間，並從相機後方的預覽窗格檢查是否達到你要的效果。視情況調整。現今推出的高階相機在拍照時，可將ISO值調到25,000或更高，但是如此快速的曝光並不保證能為你帶來最細膩的畫面。可將ISO值降至3200及6400，拍出的影像雜訊情況會跟老一代相機以ISO值400拍攝的質感相當。使用ISO值3200可在5秒內捕捉到明亮的極光影像。

6. 取景：從觀景窗或螢幕中組構畫面。運氣好或事前規劃周道的話，你便能把建築物、美麗樹木，或湖光倒影等景物放在前景中。

第十章
夜空搜奇

星夜裡各種來自天上或地球的事物令人眼花撩亂，總能帶來驚喜和樂趣——閃爍的恆星、「UFO星星」、月暈、日冕、光柱、夜光雲、星爆、彗星，還有黃道光。最後我會透露自己的獨門配方，教你做一顆自己的彗星。

觀察練習：

- 試試看你能從閃爍發光的恆星，比方天狼星、織女星和五車二中看出幾種顏色（第222頁）。
- 收看氣象報告，當你聽到有暖鋒及降雨的預報，便可開始留意太陽及月亮周圍是否出現日暈及月暈（第226、228頁）。
- 日（月）冕甚至比日（月）暈更常出現。看你能否找到一次（第232、233頁）。
- 從5月下旬開始，直到7月，可不時在傍晚或清晨的曙暮光中望向北方地平線附近，搜索罕見的夜光雲（第234頁）。
- 找出彗星41P和46P（第241頁）。
- 利用簡單素材製作一顆迷你彗星（第242頁）。
- 在春天的黃昏，找一片不受光害影響的西方天空，找出太陽系裡最大的單一「景物」：黃道光（第243頁）。

　　當你愈來愈了解夜空，很快就會發現頭頂上的新鮮事物似乎無窮無盡。就拿閃耀的星星舉例。我們太常看到星星閃耀，久而久之便視為理所當然。不過當你明白了星光看似閃耀的原因後，你對自己呼吸的空氣會有完全不同的理解。天文學家將星光耀動的現象稱為「閃爍」（scintillation）。

　　恆星閃爍引人注目。人們有時總會說他們看見天上出現一個躍動的明亮物體，且信誓旦旦地說那絕對是UFO，可是等我仔細問過他們目視的時間及方位，通常會發現他們看到的只是明亮的恆星，像是天狼星、五車二，或是大角。其實所有恆星都會閃爍，但我們往往只會注意到其中較亮的幾顆，那是因為人類的肉眼不夠敏銳，無法察覺那些黯淡的恆星其實也在顫動。恆星自遠處發出穩定的星光，但在抵達地球時遭到地球大氣阻攔。假如我們能在沒有大氣的月球上看這些恆星，便會發覺它們宛如一顆顆文風不動的石頭。

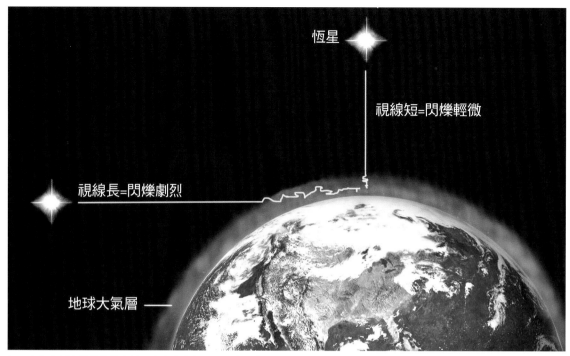

恆星

視線短=閃爍輕微

視線長=閃爍劇烈

地球大氣層 ——

▲ 天空仰角低處的星星傳來的星光會在大氣層最低處、密度最高的空氣中通行數百英里。星光穿過這漫長路途上數百萬個大小不一、密度各異的空氣胞時會移動搖擺,看起來就像是在閃爍。自頭頂上方高處向下映照的星光所穿過的空氣少了許多,閃爍較不明顯。相較於恆星是點光源,行星是較大面積的發光,受到地球大氣擾動的影響較小,也較不會閃爍。照片提供者:鮑伯‧金恩

一閃一閃亮晶晶

　　我們彷彿生活在大氣層海洋的底部。星光傳到我們眼睛之前,要先通過無數10公分寬的空氣胞(cells of air)。這許多空氣胞內的溫度與密度各異,因此偏折光線的程度也不相同。這種光線偏折的現象叫做「折射」,會嚴重影響恆星細微的點光源,可輕易地讓星光「悸動搖擺」。每個空氣胞也形同一片透鏡,不時會將星光聚射成微小映像。當空氣中出現騷動,這許許多多小映像就會在持續翻騰的氣流裡改變位置與數量。在某一瞬間,某個空氣胞會把星光從你的視線中推開,於是剎那間星星彷彿變暗了;說時遲那時快,另一個空氣胞又將星光挪向你的眼睛,於是星星頓時又亮了起來。因為這些空氣胞一直動個不停,所以我們把這許多不斷變換的細微映像看作是在閃爍。

　　星星在天空的位置愈靠近地平線,閃爍得愈厲害。當我們朝地平線看去,視線會經過極為稠密的空氣。還記得之前曾提過,地球絕大部分空氣都集中在地面上方16公里以內的「對流層」,離開對流層繼續上升,空氣會迅速變得稀薄。當我們觀察的亮星僅有1個拳頭的高度時,視線會通過數百英里長的厚實空氣。換言之,在我們跟星星之間的空氣胞數量愈多,閃爍的情形就愈明顯。而當你抬頭直視天頂,你的視線僅會穿越16公里的稠密空氣,以及接下來數百英里極其稀薄、幾近真空的大氣。總之,中間間隔的空氣胞愈少,星星閃爍的程度愈小。

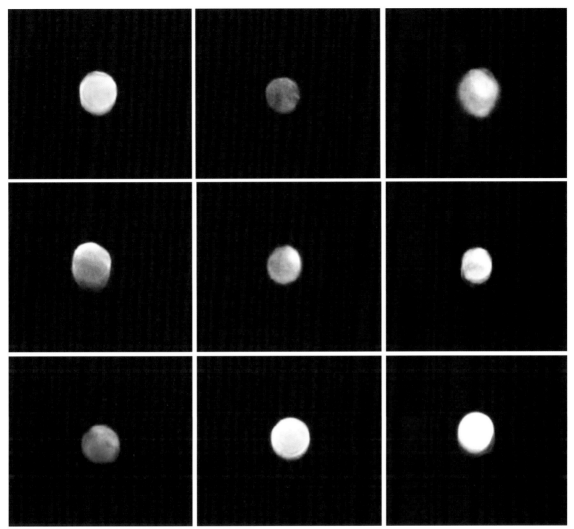

▲ 天狼星閃爍時，快速地變換亮度及色澤。我拍這些照片時稍微偏離焦距，讓顏色暈染開來，這樣更能凸顯色彩變換的效果。照片中的天狼星不只色澤分明，亮度間的落差也極為明顯。照片提供者：鮑伯‧金恩

　　大氣中活耀的氣流，並不盡然是恆星看來閃爍的主因。在接近地平線處所看到的恆星光芒也可能非常穩定，但等它爬上頭頂時卻又是另一回事。由於建築物排放熱氣的速率各異，使得各地區的氣流擾動程度也有不同。每個鄰近的大城市都擁有自己的微型天候，而且氣溫往往高於近郊或鄉下。穩定氣流行經山巒之類的阻礙物時，也會分裂成許多氣旋。

　　之前我們提到，行星之所以不會閃爍，是因為它不像恆星是點光源，而是從星體的圓盤表面發光。空氣胞所產生的折射效應終究太過微弱，不足以撼動行星的光芒，所以行星看起來是穩定地發光。

前頁附圖捕捉到天狼星幾次的變色瞬間，以肉眼觀看時稍縱即逝。在冬天或剛入春時，找天晚上花個幾分鐘端詳這顆恆星如爆竹般火光熠熠的模樣。你會突然感到震驚，原來印象中平凡的白色天狼星竟然如此多彩。尤其當它處於低空時，沒有其他恆星比它閃爍還要激烈。你可透過雙筒望遠鏡更清楚地觀賞它的色彩變換。

以為發現UFO？其實是天狼星

有些觀星新手看到天狼星時會誤以為它是不明飛行物體（UFO），因為其閃爍的星光讓它看似會移動。另外，還有金星、火流星、太空站，以及獨立、區塊較小的明亮極光，都曾讓不少原本只是想外出觀星的人們大驚失色。但只要你愈了解出現在夜空中的物體，撞見的「UFO」就會愈來愈少。至於有沒有外星人開著太空船造訪地球，人人看法不同。滿天繁星下，大家輕鬆話家常時，不少人臆想「遙遠的某個地方」存在生命。我個人的觀點是：儘管每年都有數百起UFO目擊報告，至今卻仍然缺乏任何足以證明外星生命存在的有力證據。我可不是討厭外星人，但我一些最好的朋友是……開玩笑的。單就我們所處的銀河系來說，光是行星就有數百萬顆，所以我不得不相信，生命絕不只存在於地球。就算它們看起來像細菌，或是擁有超高科技的生命體，亦或介於兩者之間，我都確信宇宙中的豐富萬象遠遠超乎我們任何人所能想像，而那萬象之中存有眾多生命。而且是非常之多。

不過，我還是無法漠視一個事實：天上群星之間的距離漫無邊際，外星人若想定期造訪地球，如此遼闊的空間可說是難以克服的障礙。無論如何，相信大家都有個共識，那就是星斗密布的天穹的確遼闊無比，足可容納任何可能。那兒有著數不盡、既狂野又富饒的天地。閃爍的星星美不勝收，天文學家卻因為永遠無法捕捉到它們銳利的影像而苦惱萬分。為了克服此一難題，許多專業天文觀測望遠鏡都建置於山頂，或大海中央的小島。在這些地方，一陣風能暢通無阻地吹至數百英里外數個溫差極小的區域。一方面，這些天文台的所在位置遠遠高於底層空氣，而且流通於周遭空氣中的空氣胞也都擁有非常相近的溫度與密度。在風能夠順利吹過海面數百英里的地區，像是佛羅里達和加勒比海地區，所見到的恆星自然比較不會閃爍。

現在天文學家透過一種近期研發的技術「自適應光學」（adaptive optics），已能「矯正」光波。恆星的抖動光波經過電腦的即時分析後，可立刻計算出天文望遠鏡中的「可形變反射鏡」（flexible mirror）該如何調整以牴銷擾動造成的扭曲。反射鏡透過所搭配的機械裝置加以控制，每隔幾毫秒便會傾斜、偏擺反射鏡，或稍微改變鏡體的形狀，讓恆星的影像固定不變。

一閃一閃亮晶晶？星光中多少透露些許嘲諷。想想這些比太陽大上幾十倍的恆星，它們發出的光芒在星際間行走數百光年後終於來到地球，最後落得的下場，竟猶如身在充氣屋中的小朋友般不停耀動。

觀察練習： 凝神注視幾顆最亮、最白的恆星，比方說天狼星、織女星和參宿七，你會發現它們在閃爍時還會變換顏色。星光和白光一樣，蘊含了彩虹中從紅到紫的7種色彩。當恆星出現在低空中時，星光中的每種色彩會分別以不同角度折射。其中，藍光及綠光的折射程度更甚於紅色與橙色，於是星光分離成各種顏色的映像，分別朝不同方向散射。在我們看來，只見恆星像是一連串光色不停變換的火花，那是星光隨著瞬息萬變的空氣胞不斷舞動的結果。你是否聯想到迪斯可舞廳的閃光球了？試著把我們頭上正在發生的事情視覺化：你和星星之間的空氣是一片由無數稜鏡組成的海洋，這些以各個角度漂蕩的稜鏡會將穿梭其間的星光轉化成各種顏色的映像。美妙極了！

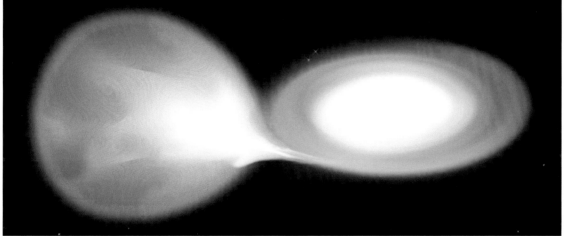

▲ 新星總是毫無預警突然出現，正如2013年8月的海豚座新星。只消1天時間，這顆新星就從最初的黯淡變成亮到肉眼看見！它來到接近+4星等的最高亮度後，你在郊區便能看見它，之後它便逐漸暗了下來，如上面2張拍攝時間相隔9個月的照片所示。照片提供者：吉安盧卡・馬西（Gianluca Masi）

▲ 一顆體積小、密度高的白矮星從鄰近的伴星吸取物質後，會變成新星。這些物質停留在白矮星表面，隨後因受熱而炸出一道強光，也就是我們所見到的新星。照片提供者：NASA／錢卓拉X射線天文台（CXC）／魏斯（M. Weiss）

鬧脾氣的恆星：新星

　　萬一星星「真如」平常所見那般，像爆竹一樣亮了起來，又會怎樣呢？某些狀況下還真是如此。2013年8月4日，日本業餘天文學家板垣公一在海豚座的位置發現了一顆「新星」（nova）。過了2晚，這顆新星一下竄升到了4星等，亮度已達肉眼可見，在郊外或鄉間地區便可看到。雖說在拉丁文中，nova是「新」的意思，但其實板垣及其他許多人所看到的，只是一顆平常不受注意的暗星表面所發生的一場爆炸，讓它驟然變亮10萬倍。擅於搜索新星的業餘天文學家，每年都可發現大約5～6次這種恆星爆炸現象。他們多半需要使用小型到中型天文望遠鏡才能觀測到這種現象，但偶爾也會發生肉眼就能見到的情況。

新星會出現在一對緊鄰的雙星系統內，其中較小、但密度極高且質量極大（就其體積而言）的白矮星，從與它相鄰且相互繞行的伴星那兒吸取氫氣。捲入的氫氣累積在溫度高達攝氏83,315度的白矮星表面。這顆白矮星不斷受到重力擠壓與高熱炙烤，最後自氣體底層引發一場規模空前的熱核爆炸。於是突然之間，這顆從來不受注意的黯淡恆星，一口氣躍過了10幾個星等，成為極其耀眼的「新星」。

但是，有別於超新星爆炸，爆炸後的恆星仍然存在，並且可能在幾千年後再度成為「新星」。你可從美國變星觀測者協會獲悉或了解任何可能出現、成為肉眼可見新星的相關話題與資訊，網址如下：www.aavso.org。

大自然中光的畫作

觀星者當然偏好在天空清澈的夜晚觀察恆星或行星，然而天上卻總是飄著雲朵。有誰希望在欣賞明亮極光或罕見月全食時，卻遇上雲層搗亂，遮蔽了整片天空？假如每當有天文迷對著天空咒罵一次，我便可收取25美分的話，恐怕我早已攢到夠我付上好幾輩子的停車費了。

儘管天上的雲朵偶爾會讓觀星者感到沮喪，但雲本身也是相當迷人的景物。它們總是不停變化形體，而且永遠在移動，因此是非常值得研究的有趣對象。我對雲朵著迷的程度不亞於恆星，雖然連續1週烏雲密布也會令我感到懷疑。我還是孩子時，便是因為雲朵才開始仰望天空。自那時起，看的東西愈來愈多，最後輪到了恆星。所以呢，沒錯，我對雲朵很有感情。

若對的雲從皓白明月或行星前方通過，它們便能借來些許亮光，營造出最令人驚嘆的月暈、月冕、幻月（moondogs）和光柱。若你時常在夜間抬頭觀星，久而久之，便能集滿這些天上珍寶。我自己就常在晚上處理雜務時，例如倒垃圾或剷除車道上的雪，捕捉到巨大的月暈或色彩鮮豔的月冕。我們接下來要探討的大氣現象可說五花八門，但它們都有一個共同點；它們都是光線自微小粒子通過或彈開所造成的現象，這些粒子多半為冰晶，有時會是小水滴，甚至花粉。

常見及罕見的月暈

相信許多人晚上出門見到天上滿月周圍出現一大圈月暈，都會情不自禁地發出「哇！」的驚嘆。你或許會覺得令人如此印象深刻的景象並不常見。其實正好相反。我們一年到頭都看得到「暈」（halos），而且冬天時或許更容易看到，因為那時空氣裡充滿了冰晶。高空雲層裡呈六角形的冰晶將光線偏折或折射後，便產生了暈。當光照射在冰晶的一個長邊時會先被偏折，接著穿過冰晶，然後在從另一個長邊穿出時又再偏折一次。

▲ 2009年1月夜裡，常見的22°月暈光環包圍住木星。月暈非常大，寬度大概是張開5指的距離，大約是20°；將拇指擺在月亮上方，小指剛好能觸及光環邊緣。並非只有冬天才能看到暈——任何季節都能看到。照片提供者：鮑伯·金恩

　　光線離開冰晶時，絕大多數都偏折了22°。一但有數十億枚冰晶參與其中，其聯手產生的折射效應便能讓光線往周遭延展開來，形成一圈曲率半徑為22°（月亮到月暈外圍的離角）的模糊光環。將數字乘以2算出直徑，於是整個月暈橫跨44°，比4個拳頭並排還稍寬一些。這圓圈真的很大，足足是獵戶座長度的2倍多！部分光線進入冰晶後折射出來的角度可達50°，使月暈邊緣外的天空變得更亮。要造成光線折射的效果，角度不能低於22°，所以月暈內的區域總是相對較暗。

　　我們在探討閃爍現象時，曾提到藍光比紅光更容易折射。隨著光線進入、離開冰晶，藍光偏折的角度遠比紅光大，因此光圈外緣會染上淡藍色調。而紅光偏折的角度最小，所以光環內側會微微泛紅。雖說此一效應比較不易察覺，但仍值得仔細觀察。日暈及月暈生成的位置，位在高空的卷雲和卷層雲中，這些雲通常都會帶來暖鋒及降雨。你大概曾聽過某句和氣象有關的諺語：「日暈三更雨，月暈午時風。」這句話確實有幾分真實性。

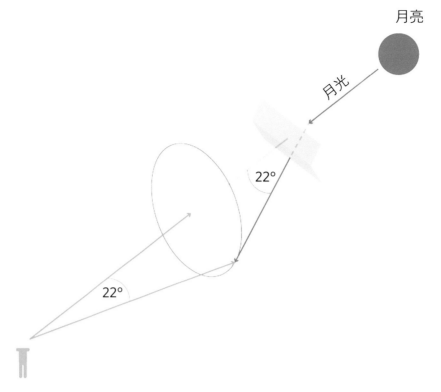

月亮

月光

22°

22°

▲ 通過數百萬個六角形冰晶的大部分光線，會被折射或偏折22°形成22°的暈。紅光受到折射的程度較低，因此暈的內側邊緣會染上微紅。其他色光折射得比較厲害，使得暈的邊緣上方變成淡藍色。圖片提供者：瓊·莫理斯（Jon Morris）／www.mophoto.co.uk

觀察練習： 卷層雲會在天空形成一片半透明的乳白色薄靄，讓天上星辰顯得黯淡，這時只有陽光和月光能夠穿過。當你知道有暖鋒接近，且月亮也將出現時，可留意月暈現象。假如見到了，或許也代表未來20～24小時內會下雨或下雪。按照美國國家氣象局的說法，大約在75%的日暈和65%的月暈之後，會出現降雨情形。

　　如果你認為22°的暈已經很大了，告訴你，它還有個大了1倍多的46°表親，直徑可達92°，足足有9個拳頭寬！當月光從雜亂分布於空中的六角形冰晶長邊進入再從底邊離開，就會形成46°月暈。若有數十億個冰晶同時複製上述效應，你便能欣賞到此一動人美景。46°暈一般會比小型暈來得黯淡，也極少出現在月亮周圍；它多半是日暈，不過同樣極為罕見。等你有機會看到較常見的暈時，可迅速瞥向天空四周，看看附近是否也有46°版的暈。

　　比起暈，「環天弧」（circumzenithall）的景象較常見，但多半出現在滿月之際，此刻月光

▲ 當條件恰到好處，會同時出現多個暈。在照片所呈現的日暈現象裡，極少出現的46°日暈環繞著裡面的22°日暈，並同時出現幻日（sundogs），讓太陽頭上看似戴了一頂外切弧。月亮周圍也會出現相近的月暈，尤其以月光最亮的滿月時最有可能。照片提供者：鮑伯・金恩

照人，正適合它現身。除此以外，你在太陽周圍看見它的機會也不小。只見這道弧光鮮豔，宛若天上一道顛倒的彩虹，那形狀就好似《愛麗絲夢遊仙境》裡咧嘴冷笑的柴郡貓。還有另一種冰晶折射產生的光暈效應「環地弧」（circumhorizontal arc），那是與地表平行的一條巨型色帶，出現位置距離月亮或太陽較遠。你可能在網路上看到有人叫它「火虹」（fire rainbow），但這個稱呼頗令人納悶，因為它既與火無關，也不是彩虹。

幻月及月暈環

有時月亮兩側還有一雙豔光四射的「月狗」相伴，又叫做「幻月」（paraselenae）。我們為它取「月狗」這個可愛的名字，是因為乍看下它們與月亮形影不離，就像跟著你散步的狗狗。月狗同樣透過折射發生，不過這時光線穿過的是飄浮在空中的六角形「片狀」（plate-shaped）冰晶（此時晶體面積較大的兩面與地面平行）。月光先從形狀如浴室地磚的冰晶一面進入，在晶體中偏折或折射，從另一面離開前又會再折射一次。經過2次折射後的光線偏離初始方向22°，並分別朝著與月亮平行的兩端聚射，形成2塊發亮光斑。

無論朝向何種角度，天空中所有片狀冰晶都會折射光線，但我們只會看見那些將月光折射22°或更大角度後，與月亮平行的閃光。幻月的內側邊緣泛現紅光，外側邊上則是藍光，道理和月暈色調分布方式相同。

觀察練習：你曉得幻月（月狗）有時還會長尾巴嗎？在每個幻月外圍，仔細尋覓從月亮向外射出的尖刺狀鋒芒。某些狀況下，這些尖刺會在天上延展成巨大的月暈環（paraselenae circle）。這時片狀冰晶及柱狀冰晶都豎立在窄面上，它們的晶面就像小鏡子般反射光線，因而形成月暈環。完整的月暈環非常少見；大多時候，你看到的僅是橫跨月亮表面、將2隻月狗連接起來的一小段弧光。

外暈

某天晚上，我抬頭看見了被月暈牢牢圈住的木星。月暈本身就夠令人印象深刻，更別提它圈住晶燦的恆星、行星，或甚至兩者時，景象有多麼迷人。當晚，大自然拿出了更多壓箱寶。只見外暈（circumscribed halo）的橢圓身形，上下兩端分別貼著被它包夾在內的內暈，於是形成了雙暈，看來就像一隻巨眼俯視著灑滿月色的大地。

其中22°的內暈是空中面向各角度的六角形冰晶產生；長邊平行地面的六角形冰晶則創造出較為罕見的外暈。但是它和較常見到的上切弧（upper tangent arc）可不一樣，上切弧看來像是蹲踞在22°月暈上方一隻展開雙翼的鳥。有時月暈底部還會出現下切弧（lower tangent arc）。兩者都是由長邊與地面平行的六角形冰晶所產生，條件是當光線從冰晶一面穿入，從另一面離開時形成了60°夾角。

▼ 照片中是較不常見的外暈景象，讓天空中的月亮看來如同一隻巨大的眼睛。照片提供者：鮑伯・金恩

▲ 升起的月亮上矗立著2個拳頭高的光柱，那是由寬面平行於地面的片狀冰晶反射的光芒產生。照片提供者：鮑伯·金恩

▲ 有時，月暈會像是框住明亮的恆星或行星一般，看來相當時別。照片中，一段不完整的22°月暈襯托出獵戶座的上半部：畢宿星團的「V」排列以及昴宿星團。照片提供者：鮑伯·金恩

▲ 2015年5月，2個幻月、不完整的22°月暈，以及牽住2隻月狗的一小段月暈環，為滿月時的天空增色不少。照片提供者：鮑伯·金恩

還不只如此，極罕見的三角錐形冰晶還能創造出另一種或甚至一系列更特別的暈。這種冰晶可產生層層交疊、形狀奇特的暈。我只見過一次——一個常見的22°月暈中包夾著一整組9°及18°的迷你月暈。有文獻指出它們其實比我們所以為的更常出現，所以讓我們拭目以待。

光柱家族

若你注意到月亮或太陽在靠近地平線時，它們的正上方有道淡橙色或白色光線，那麼你就看到了另一種冰晶現象「光柱」（light pillar）。當片狀冰晶朝著地面飄落時，便會產生光柱。下降時的空氣阻力使得許多冰晶擺正成近乎與地面平行。此時太陽位置偏低，光線照到冰晶底部反射後便形成光柱，高度可在5°～25°不等。觀賞光柱現象的時機，最好是在滿月時的寒冷早晨或傍晚，趁著月亮快要升起或落下（或從高處俯瞰日出與日落）的時候。排列整齊的冰晶所產生的光柱較為細長。如果掉落中的冰晶稍微偏倚些，光柱便會暈開呈羽毛狀。在月亮或太陽爬到了一定高度後，較高處的光柱往往會消失不見。但表演尚未落幕。這時你會在月亮或太陽下方看見相似的光柱。

在無雲的冷空氣中形成的冰晶，稱為「鑽石塵」（diamond dust）。在觀賞光柱時，舉手遮住月亮或太陽，偶爾會看到有如極細雪花般的閃亮鑽石塵。幾年前我就見過一次，當時它們沾在我的外套上，看起來就像一片片寬僅1～2公厘的細小雪花。鑽石塵其實就是凝凍的霧氣，但是更加「柔細」，因為冷空氣所能吸附的水分，只有暖空氣的一小部分。當鑽石塵從天而降或是隨風飄舞，這時光柱不單只會出現在月亮上方，你也會在車頭燈或任何沒有遮掩的亮光之上發現它的身影。有一次有個朋友緊急打電話給我，要我馬上出去欣賞一場非常棒的北極光。我出門後才發現，他看了半天的北極光，竟是市中心燈光上方的一大群光柱。

如果你在金星現身時發現月亮或人工照明設備上方出現一條條光芒，記得別錯過難得一見

▼ 光柱也可能出現在金星周圍，只是若隱若現，難以直接看出，通常必須側視而非直視金星。照片提供者：鮑伯・金恩

▲ 一輪醒目的多環月冕為天空繪上多彩的靶心。當光波經由微小水珠或其他微粒繞射發展成一連串光環，便形成了冕。它們比暈小得多，一般大約只有3根手指寬，或5°的寬距。照片提供者：鮑伯・金恩

的金星光柱。這時以肉眼仔細檢視金星。它的周圍是否發出橢圓光芒，或是上下長出尖刺？你可透過雙筒望遠鏡確認肉眼觀察結果。

夜晚的皇冕

冕（日冕與月冕）是從月亮或太陽中心向外橫互數度的彩色小圓盤，通常在中間呈藍白色，外面再嵌一層紅邊，向外又被一圈圈不同色彩所包圍，看起來就像個射擊靶。比起暈，冕較為常見，有時甚至更為壯觀。暈是因冰晶折射而形成；光波從極細小的水珠間交錯通過造成繞射（diffraction），而形成冕。其間，有些光波相互疊加，形成更強的光波（較亮的光），有些則彼此牴銷，成為亮光中的暗影。同樣效應也會發生在各種色光，最終的結果便形成一連串互相交疊的各色光環。紅光被繞射到冕的最外圈，中間則由藍光填滿。你之前可能見過幾次冕，只是自己不知道罷了。暈形成於卷雲和卷層雲中；冕則傾向發生在位於中高層大氣中的高積雲和卷積雲裡。冕的觀賞時機則和暈相同，最動人的冕發生在滿月之際。

有天晚上我出去倒垃圾時，發現了今生所見、色彩最為嬌豔的多環狀冕，讓我當場愣在走道上……接著趕緊衝回屋裡拿照相機。月亮前幾縷薄雲迅即掠過，營造出一系列快速變幻的月冕樣貌，形狀與色彩不斷變化。多年來，我曾見過不少冕，但沒有一個比它鮮活多樣。或許有時你認為某種景物早已見識過了，便不屑多看。然而，大自然中的任何題材都蘊含著無窮變化，值得你逐一探索。縱然彩虹和月暈（日暈）最為熱門，但當神奇時刻到來，這些小小靶心也將變得同樣搶眼。

▲ 哈啾！誰想得到？真的，連花粉也能形成冕。在晚春與初夏的月分，記得留意植物在風中散播的極細花粉粒子所形成的冕。如照片所示，花粉形成的冕有著奇特、長扁的形狀。照片提供者：鮑伯·金恩

觀察練習：注意看，雲朵不時飄過時，冕也會變得奇形怪狀。雲朵邊緣的水珠顆粒非常細小，冕也是朝此方向擴展。水珠愈小，冕就愈大。雲裡的所有水珠顆粒大小一致時，便會出現最亮麗的色彩。一般雲裡的水珠顆粒有大有小。它們形成了一圈圈相互交疊、外圈鑲著淡紅色的冕。

想看看人造的冕嗎？窗戶上冰晶繞射光線的方式正好與雲朵一樣。你可以試試隔著結了冰或霜的窗戶玻璃來窺視月亮或太陽。

冕會讓人打噴嚏嗎？

要產生繞射並不難，只要做為介質的粒子夠小就行得通。所以即便飄在風中的花粉粒直徑只有0.09公厘，也是繞射的好媒介。春天時的花粉讓人打噴嚏，但也同樣具有巧奪天工的魔力，能為一輪明月打造身形怪異、呈橢圓形的月冕。冕多半都呈圓形，但光線遇上細長形的花粉時所呈現的效果，則與水珠的球體不同。晚春與初夏的滿月時，記得可觀賞花粉所形成的月冕。

觀察練習： 你若在還算清澈的夜空中，看到月亮發出橢圓或幾何圖形的光芒，就知道它是花粉形成的月暈。花粉形成的月暈相當黯淡。為了增加能見度，可站在能遮住月亮的電線桿或煙囪後頭，小心檢視月亮邊緣形狀奇特的光芒。記得要先讓肉眼適應黑暗，避免直視月光。想像數十億個微小生命竟能形成如此的景象，真是令人驚嘆！

夜光雲

　　每年夏天，我都會在待觀測夜空天體名單中添加一個項目。說來奇怪，那是一種雲。你問有哪個觀星者會想看到更多的雲？我說這些雲可大不相同，容我慢慢道來。它們叫做「夜光雲」（noctilucent，或night-shining clouds），這種變幻莫測的雲體，在每年5月下旬到8月的清晨曙光及黃昏暮光中，都會出現在北方低空。

　　夜光雲分布在離地48～85公里處、空氣稀薄的「中氣層」。我們所看見的流星大多都在這裡燃燒殆盡。這裡也極其酷寒，溫度降到讓人足以凍掉牙齒的攝氏-90°。由於夜光雲位於高空中，所以太陽下山後仍可映照並反射陽光，並襯映在其他早已灰暗無光的雲層上。夜光雲的色彩來自頭頂上方19～30公里處的臭氧層；在它反射的陽光到達我們眼睛前，紅光及橙光已被臭氧層吸收，使它因而呈現藍色。

▼ 2008年7月31日，在夜色漸深的天空襯托下，一大片波紋狀的夜光雲散放出藍色螢光。夜光雲多半出現在北方，但也有例外。你可在夏季傍晚或清晨的曙暮光中，朝著北方低空尋找。照片提供者：鮑伯‧金恩

水蒸氣必須附著在某些物質上，雲才能順利形成。一般的雲位於大氣層較低處，成形時構成雲結構的小水珠與冰晶，都必須凝結在「雲核」（nuclei）上，這時，懸浮於低空中的沙漠塵埃、工業排放或大自然釋出的灰燼、海鹽和土塵，便剛好派上用場。白天所見如羽毛般飄蕩的卷雲一般都由冰晶組成，大約位在離地面16公里的空中。夜光雲則與希臘神話中的神祇共享天界，盤踞在80公里高空，沐浴在溫煦的陽光中直到入夜。這個高度與北極光出現的最低高度96公里相去不遠。然而，塵埃並不容易飄升至大氣高處促使雲生成，因此科學家推測，夜光雲所需的塵埃應該部分來自流星體及彗星。其他消息則指出，成分裡可能還包括了火山灰和火箭升空後殘留的化學物質。夏季的風暴為中氣層帶來較低處的水氣，隨即在這兒與來自外太空或地球內的塵埃凝結──這也說明了為何夜光雲在夏天較為常見。

夜光雲看來相當另類。細緻的波紋在較早現身的星星前，露出奇詭藍光。當暮色漸深，夜光雲反而會變得更亮，且緩緩移動、變換著形狀。夜光雲大多出現在美國偏北地域（北達科他州、明尼蘇達州、緬因州）、加拿大，還有不列顛群島，不過在稍微南邊的人們也能看到。直到夏季暮光完全消失前，都能見到發光的夜光雲，美國北方各州甚至在11:30 p.m.之前都還能見到它的身影。

觀察練習： 找一個你能遙望到北方地平線的地點，然後在日落後1小時開始觀察。在我做過的6次觀察中，從未見過高於10°或高於地平線1個拳頭的夜光雲。若住在加拿大偏北地帶、北愛爾蘭、英國和芬蘭，初夏時暮光永不褪去，便能整夜欣賞夜光雲。

凝結尾

既然目前的主題是雲，那麼順便談談「凝結尾」（contrail）：它是飛機通過後，在機尾後方產生的細長軌跡雲。月色皎潔時，你經常會注意到天上的那片白色痕跡。你或許曾聽流言說，凝結尾其實是「化學凝結尾」（chemtrail），其中所含的有毒化學物質被排放到倒楣的人類頭上。但此說法並不正確。除了水蒸氣和燃油所產生如煤灰般的細微顆粒外，飛機排出的廢氣裡並不含其他物質。在高空中的冷空氣中，來自飛機以及大氣中的水蒸氣會凝結並附著於廢氣粒子，並且直接在機尾後方拖出一條「雲般」的軌跡。大自然中的雲，形成的原理也相同：水蒸氣上升、冷卻，然後凝結在煤灰、鹽粒或空氣中的其他細小粒子上。

天冷時走到戶外，體內呼出的熱氣在空氣中凝結成一團霧氣也是相同現象。潮溼的空氣中有充沛的水蒸氣，有助於發展與延長凝結尾。假如你家位在繁忙的國際航道下方，剛好又碰到高空中的空氣潮溼，來來去去的航班所產生的大量凝結尾有時會聚集起來，讓天空變得雲層密布。總之，雲朵、呼氣，還有寒冷晨間從溫暖湖面飄起的蒸氣，都體現了一條簡單的科學原裡，也證明了不論是人造或自然形成的蒸氣，全都遵循著相同的法則。

▶ 越洋班機拖出的凝結尾與即將升起的太陽相映成輝。高空中的水蒸氣遇冷會凝結在飛機引擎廢氣的微粒上，於是形成了凝結尾。溼度及其他條件決定了它們會迅速消失或在天空中蔓延。照片提供者：鮑伯‧金恩

▲ 由紅綠兩色氣輝形成的細緻斑紋，點亮了7月晚間的東方夜空。照片中央上方是也位在東方夜空的仙女座銀河。綠色氣輝來自大約95公里高空中的氧分子釋放；紅色則來自更高處的氧氣。你得找一處遠離都市燈火的地點，然後先讓眼睛充分適應黑暗後，才能看見氣輝。照片提供者：鮑伯·金恩

空氣竟然會發光

全然黑暗的夜晚其實並不存在。不只地球沒有，也不存在於月球、水星、火星，或太陽系中任何你能窺視夜空的地方。找一處地球上最暗的所在朝天空伸出張開的手掌，你會看見它在黑暗下的輪廓。通常來說，當你的眼睛已完全適應了黑暗，不用燈光便能看出眼前景物。

那麼，你為什麼能在黑暗中看見自己的手呢？先別管人造光害問題，只把重點放在那些促成我們可在夜間視物的自然光源。其中有星星，也包含一些難以辨識的天體，以及分布在銀河上的星際塵埃所反射的星光。以上光源加起來最多只占了三分之一的夜間自然光源，恐怕要比人們想像中微弱許多。

另一個主角是「黃道光」（zodiacal light），那是由聚集在太陽系軌道面上的彗星及小行星塵埃所反射出來的陽光。黃道光的強弱會隨時間變化，主要取決於所在緯度、季節變換時黃道面與地平線的角度，以及太陽的運動。

不過，話說回來，讓夜空發亮最普遍的因素來自「氣輝」（airglow）。隨便看一張國際太空站拍的夜間地球照，便會發現地球天拱上包裹著一層薄薄的發光綠色氣殼。它與極光不同，極光只集中在地球磁極上方的橢圓區內，而氣輝則彌漫各處，遍及中緯度地區、赤道地區，乃

至極地上方。

極光的發生，乃是太陽吹來的電子與質子高速撞上氧、氮原子與分子，給了原子中的電子更多能量。當原子恢復安定狀態，便會釋出光子（photon），產生綠色與紅色的光。一旦這種作用同時發生在數不清的原子和分子間，所共同釋放的光芒便足以創造驚人的極光景象。

氣輝則不分晝夜透過陽光中的紫外線產生。皮膚曾經嚴重曬傷的人都知道紫外線威力強大。太陽的紫外線會在大氣層高處激起幾種不同作用，最後放射出氣輝。其中一種是「激發」作用（excitation），就是獲得能量的原子自行回到一般狀態，或藉由將能量送給近旁的原子而回到一般狀態；另一種稱為「光游離」效應（photo-ionization），這時紫外線輻射會促使電子離開原本的原子。當這顆原子再捉到一顆電子，回復穩定的原子便會釋出光的粒子——光子。

最亮的氣輝光線當屬來自激發的氧原子所射出的黃綠色光，從國際太空站或地面拍攝的照片裡就常能見到類似景象。紫外線在我們頭頂上方約95公里處將氧分子打散成一個個原子。這些帶著額外能量的原子會在恢復一般狀態前射出綠色光子。

一年當中任何沒有月光的夜晚，都能看到氣輝，前提是天空夠暗。你的視線在抵達地平線上方$10°\sim20°$的天空前，須先通過較多大氣，這裡也是氣輝最亮（或許你能如此形容）的位置。當你望向仰角較低處時，它的微光便被濃稠的空氣與塵埃吸收。仰角較高處，氣輝的光散布在一大片天空，也變得更朦朧。話雖如此，我仍然曾有幾晚看到它的綠光一直向上蔓延到$50°$的高度。那時它已變得太暗而不具色彩了，像是一抹分不清形狀的淡淡光影。

假如你能看見氣輝，真該感到慶幸，因為這代表你所看到的夜空真的夠暗！

彗星來自四面八方

古希臘時代，如果哲學家亞里斯多德在一篇主要探討夜間大氣現象的文章裡讀到關於彗星的內容，是不會感到奇怪的。依照他的觀點，彗星乃炎熱、乾燥又易燃的空氣升至大氣頂端時所產生，然後受到地球附近天體的拉扯與加熱，最後終於爆炸成一團緩慢燃燒的火焰。流星形成的道理也雷同，只是它們不過是一團小得多的上升熱空氣，於是很快便燃燒殆盡。

無論正確與否，亞里斯多德對彗星及其他不少科學主題的觀點，自上古時期到中世紀為止，均被視為牢不可破的論述。直到1500年代，丹麥籍天文學家第谷·布拉赫才證明了自己在1577年觀察到的彗星，離地球的距離至少要比月球遠4倍。當時，他試著聯繫歐洲各地的觀測者共同對彗星進行三角測量，以算出彗星的距離。如果按照亞里斯多德的說法，彗星比月球更靠近地球的話，那麼在不同的觀測地點，理當見到彗星位置在遙遠的背景恆星間有所偏移。但是他們並未觀察到任何偏移現象，於是布拉赫不得不斷定彗星離地球很遠。

於是，亞里斯多德的偉大理論開始動搖。一個世紀後，艾薩克·牛頓（Issac Newton）發現彗星也跟人們熟知的其他行星一樣，依循萬有引力定律對太陽公轉，彗星隨即從一團燃燒的空氣，變成在地球數百萬英里外繞行太陽的天體，且其軌道周期在數年到數萬年不等。英國天文學家愛德蒙·哈雷透過牛頓的公式，發現在1531年、1607年和1682年出現的3顆彗星其實根本是同一顆。接著哈雷預測此彗星將會在1758～1759年再度返回。這顆彗星如期出現時，便被正式命名為哈雷彗星，以對哈雷表達敬意。下次再看到它時，會是2061年。繞太陽而行的短周期彗星（short-period comets）大約有300顆，它們的公轉周期不超過200年，哈雷彗星正是其中一顆。

▲ 2007年1月20日，在澳洲西部勞勒斯金礦區拍下、編號為C／2006 P1的麥克諾特彗星（C/2006 P1 McNaught）。它先是在2006年8月被發現，到了2007年1月時已變得非常亮，在大白天就可用雙筒望遠鏡或小型天文望遠鏡看到。新的彗星不斷被發現。雖然它們大多都很暗，但至少幾乎每年都有1顆夠亮，可透過肉眼或雙筒望遠鏡觀看。照片提供者：維基百科

　　我們會擔心小行星或彗星撞上地球倒也無可厚非，因為人們的確在地球各地找到大約190處隕石撞擊留下的坑洞或地貌。當然，遭彗星撞擊絕對是個隱憂，不過大型撞擊極少發生，而且預估未來至少100年內也不會發生。另一方面，天文學家持續對太空進行監測，搜尋新彗星並繪出其運行軌道，判斷它們是否會在未來構成威脅。人類以科學方法面對此一問題，在判斷釀災可能性的同時，也並未忽略任何可能。

　　在人們尚未查明彗星的運行方式與本質，並加以「馴服」它以前，彗星總會為人類社會帶來恐慌。人們將嚴重乾旱與農作欠收怪罪到它頭上，因為它讓人聯想到火。你以為只有這樣嗎？還有更多的天災人禍也怪到彗星頭上，像是戰爭、君王駕崩（凱撒大帝遭到暗殺時，剛好出現了一顆明亮的彗星）、地震、疾病、瘟疫、家族反目，就連有雙頭動物出生時也是。看來，彗星真是前科累累。

是彗星可怕，還是人們膽小？

　　當人們看到天外飛來的彗星，總不免會以迷信的角度看待這個未知、卻有其規律的景象。古今皆同，只要我們對變化感到不安，總是會試著為當時無法解釋的事件，比方說地震或乾旱，找出一套說詞或代罪羔羊。恆星與星座永遠遵循著相同路徑而行；即便隨著季節變換的行星運動也都可以預測。可是彗星呢？極光呢？它們往往來得太過突然，打破了人們對夜空的既有認知。

我們演化至今，本能上會對突如其來的環境變化抱持懷疑，因為不論它們是什麼，都可能危及我們的生存。今天，我們已經有能力預測太陽、行星和恆星在遙遠未來的動向。要是有新的彗星從遠方依既定規律來到太陽系，也會先被專業天文探測器拍下，或是被專注於狩獵彗星的業餘天文學家捕捉到。這些新彗星絕大都相當黯淡，要靠天文望遠鏡才能看見，但偶爾有的彗星在較靠近太陽時會變得明亮，甚至長出美麗的尾巴，讓我們看得無比神往。是啊，時代不一樣了。對吧？

我們毋須責怪先人，畢竟他們不太了解彗星的真貌。即便我們今日對彗星的了解已經多得多，卻仍會發現有人在製造恐慌，在某些網站上無端生事。這些欠缺學習的人一直把海嘯、地震及其他自然災害賴到彗星、小行星及行星頭上。他們以為彗星的重力、與地球太過接近，或是它偶然和某行星排成一線，都會誘發地殼劇變；他們也把彗星造訪視為某次地震發生的證據。但只要很快翻過年度地震清單，便可發現那純屬巧合個案。地球在一顆彗星造訪的許久以前、行經期間，乃至通過之後許久，始終規律地震個不停。平均來說，彗核（nucleus，這些神奇天體中心由冰構成的硬核）通常寬不足10公里，對地球的重力牽引就跟你的車子施加在你身上的差不多。根本不痛不癢。而就算所有行星排成一線，對地球造成的額外引力基本上都算得出來，同樣微不足道。

行星和彗星排成一線，非但不會帶來死亡與毀滅，反而能為我們營造出夜空中最令人振奮的景觀。知識不僅帶來力量，更能讓我們安然自在地欣賞這個世界。

我愛看彗星——不論是偶爾可用肉眼觀看，還是能透過天文望遠鏡看到的許許多多彗星。突如其來的彗星常令你驚奇，而一旦曉得它的組成，或許又會再讓你驚奇一次。相信住在多雪地區的人，都對黏在汽車輪艙裡一塊塊結冰的黑色髒雪並不陌生。它們常常會噗通掉到地上。

下次你看到一塊髒雪掉下來時，記得好好觀察，並想像它放大1萬倍左右的模樣，這樣你就知道彗核的大致長相了。科學家把彗核稱為「髒雪球」或「冰凍灰塵球」。彗星主要是由水冰構成，其中還包含了數種固態氣體，例如二氧化碳（乾冰）、甲烷、氨氣，並夾雜著石塊、塵埃，以及含碳有機物。這些物質混在一起，讓彗星看來如同你家烤架下的一塊木炭。太空船拍到的彗核呈亮灰色，那只是因為它在黝黑的太空背景下受陽光映照而產生的效果。

兩條尾巴的典故

科學家們相信，彗星是45億年前太陽系形成時留下的殘冰。許多彗星都走在遠離太陽的狹長型軌道上，這使得它們的外觀和運動方式都如同岩質結構的小行星。這時它們看來相對單純，也沒有尾巴。但是當彗星繞行至接近太陽時，便發生驚天動地的變化。彗星中的一些髒冰在受熱後蒸發成氣體，在冰凍的彗核周圍形成一層稱為「彗髮」（coma）的氣體。這時，原本被冰封住的塵埃便可在彗髮中任意游走；它們大多只有香菸菸氣微粒的大小。在真空的太空中，陽光將這些塵埃從彗髮中逼出，因而形成一條塵埃尾巴。當彗星特別接近太陽，更多的冰汽化，於是便形成又亮又長的尾巴。如果這時彗星向地球接近，我們就會見到它發亮的頭（彗髮），後面拖著一條宛如煙塵的長尾巴。

通常彗星會長出2條尾巴。它的第二條尾巴，或稱「離子尾」（ion tail），乃是由太陽的紫外線激發一氧化碳氣體（沒錯，和汽車排放出來的廢氣一樣）發出淺藍螢光所形成。離子尾是由太陽風造成，但它的指向背向太陽，而同樣的太陽風也能在地球激發出極光。一旦太陽風

▲ 編號C/2013 US 10的卡塔利納彗星，噴出長長的離子尾和一條較短的塵埃尾。在2016年1月1日的這張照片中，可看見它近身通過牧夫座大角時展現的華麗身影。就已知的彗星來說，我們大致曉得它們未來行經地球時的可能亮度，然而對新發現的彗星，就還有得猜了。照片提供者：克里斯・舒爾（Chris Schur）

的速度或方向起了變化，離子尾會因而折斷。所以，它來得容易去得也快。斷掉的尾巴漂蕩於太空中，但新的尾巴很快便會從原處長出，就像沙漠裡常見到的蜥蜴那般。彗髮總長可延伸至160萬公里，而彗星的尾巴有些長達1億6,100萬公里，甚至超過了地球到太陽的距離。

　　百武彗星（Comet Hyakutake）曾在1996年春天為北半球的觀星者帶來一場嘆為觀止的彗星秀。據估計，它長了一條長度超過4億8,300萬公里的尾巴！彗星的尾巴流露出萬種風情，但所組成的微小物質卻十足令人咋舌。假如有辦法把一顆中等彗星尾巴的塵埃通通收納起來，恐怕還裝不滿一只行李箱呢。

　　每當彗星行經內太陽系軌道，總會瘦身不少，形狀也會稍微改變，有時甚至裂成好幾塊。這些天體著實嬌弱。一旦行經太陽的次數夠多了，彗星就可能崩解成一大堆冰塊、碎石及塵埃，也可能所有儲冰都已耗盡而不再散逸出氣體，變得了無生氣，這時它與小行星也別無兩樣了。儘管每次造訪太陽都會招致嚴重瘦身的後果，彗星們仍有足夠的本錢快樂地一再回訪。我們也別忘了，彗星沿路撒出的塵埃並未消失。遺留在軌道上的彗星塵，在漫長歲月裡四處散逸。而當地球在運行時穿過彗星塵，我們便能見到流星雨了。說到流星，你肯定會注意到彗星和「散射的流星」外形看來一致，都有著發亮的頭和長長尾巴。但它們只是外觀相仿。流星離我們很近且稍縱即逝，而如同行星般遙遠的彗星卻可在我們的視界裡逗留最多2年才消隱。

　　許久以前，彗星是按照出現年分來命名，比方說「1680年大彗星」（Great Comet of 1680）。後來，則以計算出彗星軌道的天文學家為名，譬如哈雷彗星，或是紀念德國天文學家約翰・恩克（Johann Encke）的恩克彗星（Encke's Comet）。到了1843年，首先以發現者為彗星命名的，是赫爾夫・法葉（Herve Faye）所發現的法葉彗星。進入20世紀後，此一作法在被廣

泛採納，並沿襲下來。而當一組觀測人員或是多個單獨進行觀測的人同時發現一顆彗星時，同顆彗星最多可冠上3個名字。

不久前，在天文學家主導下，開始透過自動化天文望遠鏡對小行星及彗星進行專業勘測，並成為彗星的主要發現者。在這種作法中，自開始到發現的過程裡，或許由於最終參與的人數頗多，因此改以計畫名稱或使用的設備來為彗星命名。於是，你會看到不少像是「285P/LINEAR」的彗星名稱（LINEAR是麻省理工學院的林肯實驗室近地小行星研究計畫〔Lincoln Laboratory Near-Earth Asteroid Research〕的縮寫）。「P」則代表這是一顆周期性（periodic）彗星。另一個例子，是名為C/2011 L4 Pan-STARRS的彗星（這是設置在夏威夷的全景式巡天望遠鏡和快速反應系統〔Panoramic Survey Telescope & Rapid Response System〕縮寫）。開頭的「C」代表它是顆非周期彗星，它在軌道的運行時間長達200年或更久。這一類彗星也叫做長周期彗星（long-period comets）。緊接在「C」後面的是發現時間的西元年，接下來的英文字母，代表它是在該年中第幾個「半月」（half-month）發現，再接下來的數字代表發現的順序。C/2011 L4整個解釋起來，代表Pan-STARRS是2011年5月的下半月，由全景式巡天望遠鏡和快速反應系統所發現的一顆長周期彗星。

儘管用這種方法取的彗星名看來冗長繁瑣，但考慮到近年來以新勘測技術所發現的彗星數量驚人，這套命名法倒是可讓一切變得井然有序。

隨便哪一年，業餘觀星者都可透過望遠鏡看見10幾顆甚至更多的彗星，其中有些還能用雙筒望遠鏡看到。肉眼可以看見的彗星可說少之又少，而那種亮到讓你嚇出一身汗的彗星，每10年才出現一次。這些突如其來的新彗星大多都來自一處極為遙遠的彗星發祥地，那便是遠在冥王星之外的歐特雲（Oort Cloud）。但有時仍會冒出一顆從地球近旁掠過、無需透過光學設備就能觀賞的周期性彗星。

大家別因為上面列出的彗星似乎乏善可陳，就覺得未來幾年沒有值得一看的彗星。彗星總是令人難以預料。很難說某顆原本預計不會「爆發」的彗星在繞返接近地球時，會不會突然間亮起來。當彗星表面出現裂縫或洞隙時就會爆發，新溢出的內部物質便會映照到陽光。想獲悉更多關於彗星的資訊，最好的方法是上網加入彗星社群（Comets Group，信箱：comets-ml@yahoogroups.com），或造訪一些彗星迷的網站，我在本章結尾列出了幾個。

彗星同時兼具可預測性和反覆無常的特質，因此追蹤起來更令人備感刺激。在我們對彗星日復一日、周復一周的觀察裡，當它的尾巴和外形以及整體亮度與運行情況出現變化，不但能帶來視覺享受，也能讓我們更深入地洞悉背後的原理。古人們終究說得沒錯。這些拖著模糊尾巴的星星確實讓人驚訝。能夠活在一個大家了解彗星並能盡情欣賞它的時代，實在幸運。

觀察練習： 直到2020年，有2顆周期性彗星或許會亮到足以讓你在沒有月光的黑夜看見它的身影。其中，塔特爾一賈可比尼一克熱薩克彗星（Comet 41P/Tuttle-Giacobini-Kresak）每5.4年造訪一次，在2017年4月的上半月，當它從北斗七星前往天龍座時，或許會亮到5星等。用肉眼觀察，應該不太分明，若換成雙筒望遠鏡，便能輕鬆看見。

接著，在2018年的11月、12月間，可等著觀賞維爾塔寧彗星（46P/Wirtanen，周期為5.4年），屆時它將自獵戶座以西的波江座快速躍起進入金牛座中，亮度會升到肉眼輕易可見的+3星等。它會在該年12月中旬達到最亮，雖有欠清晰但相當顯眼，應該不難在畢宿星團附近找到。

如何自己做一顆彗星：

隕石是讓我們用手摸到太陽系的方法之一。除此之外，我們還能親手做一顆模型彗星。製作起來超簡單，而且發現自製的彗星不僅外形，就連運作方式也跟真的一模一樣，肯定會讓你驚奇不已。你準備好了嗎？

首先，準備好下列材料：

1. 報紙或塑膠布
2. 有襯裡的厚手套
3. 護目鏡
4. 中型塑膠桶
5. 塑膠垃圾袋
6. 水4碗（947毫升）
7. 泥土2碗（222克）
8. 煎餅用的楓糖漿1湯匙（15毫升）
9. 含氨成分的玻璃杯清潔劑數滴
10. 外用酒精1湯匙（15毫升）
11. 壓碎的木炭1塊
12. 乾冰碎粒0.5磅（227克），放在保冷箱內

自選材料：用沙子來模擬石礫和凝結物，如此可讓你的彗星更密合。

在桌面鋪上報紙或塑膠布。戴上手套和護目鏡，把垃圾袋套在塑膠桶裡，倒進4碗水。水是很重要的材料，彗星裡充滿水分。倒入泥土（彗星中的塵埃與礦物質）、糖漿（彗星裡存在單糖）、玻璃杯清潔劑（氨冰）、酒精（另一種彗星裡常見的成分），和壓碎的木炭（彗星中的有機碳化合物，也使得彗星呈暗色），將桶中材料攪勻。最後，小心地放入乾冰（彗星有部分是由酷寒的乾冰構成），然後把所有材料混在一起。乾冰遇到水冒「煙」的情形，是水氣凝結的現象，如同冷空氣中起霧一樣，沒有危險的。

取下塑膠袋，擠壓裡面的材料，直到你感覺所有物質都已聚成一塊固體，這時打開塑膠袋，把你的彗星拿出來！它看起來會像真的彗星般，黝暗冰凍，射出一股股乾冰蒸發的「氣流」。這時把燈光調暗，用手電筒照亮這顆彗星，這時看起來最棒。在真的彗星上，同樣的氣流還會放送出更多氣體與塵埃進入彗髮。它們彷如小小噴泉，表面下的冰遇到陽光受熱後，便從中噴出。當它們變成蒸汽，會進一步膨脹，一旦找到彗星外殼上的缺口或孔縫，便會爆發到太空中。漂亮極了！

想知道更多有關製作彗星的細節，這裡有一段精彩的製作短片：www.youtube.com/watch?v=FY_SFxP_jH0。另外，YouTube上還可找到更多；搜尋關鍵字：製作彗星（make a comet）。

黃道光

現在你曉得了，我們見到的許多流星雨都源自彗星，但可能還不知道彗星的塵埃分散在內太陽系各處。在清晨及黃昏時的東方和西方天空，可看見陽光映照的彗星塵埃發出淡淡的錐

▲ 2010年10月黎明前夕,柔弱的黃道光從東方地平線斜斜升起。這是彗星及小行星在太陽系軌道面上留下的塵埃反射陽光所形成的現象,春天夜暮剛升起時和秋天黎明前夕,都是最佳觀賞時機。這道光會沿著行星、太陽和月球在天上行經的黃道帶上延展,因此得名。照片提供者:鮑伯·金恩

狀光,這就是所謂的「黃道光」。中緯度地區的觀星者擁有2個欣賞黃道光的理想時機或「季節」——分別為3月～5月日落後沒有月亮的晚上望向西方天空,以及10月～12月初黎明前夕的東方天空。

觀察練習:春天時,尋找一處無光害的西方夜空。若是在秋天,則記得要面向東方。在日落後75分鐘～2小時內,先讓眼睛適應黑暗,然後尋找從西方地平線上斜斜凸起的一道巨大、四散的錐形光柱。它在剛出現時最高也最亮,要趁著暮色漸暗時觀賞。左右反覆掃視天空,尋找一道巨大朦朧的光影。接近光錐底部的亮度足可媲美夏季銀河,這道光寬約2個伸直手臂併排的拳頭。你一開始可能會以為看到的是夜暮餘光,不過黃道光有著向左(南方)傾斜的明顯特徵,且外形明顯呈現錐狀。當你愈朝著遠方的錐尖望去,會發現它也變得愈淡、愈細。這座由光線打造的金字塔,自錐尖到錐底幾乎有5個拳頭那麼長。一言蔽之:它非常龐大。

這些從彗星上剝落,以及或多或少來自小行星撞擊產生的無數塵埃,經由陽光反射,形成了此一人們較少注意的現象。運行軌道界於木星和太陽之間的彗星,便是黃道光最大的幕後推手。木星的重力將塵埃攪拌成一張煎餅狀的塵埃雲,使它瀰漫在整個內太陽系裡。

黑暗的天空固然是觀賞黃道光的重要條件,但你也不須為此跑到智利的阿他加馬沙漠(Atacama Desert)。我住家附近約14公里處就有個產生光害的中型都市;住家西邊的天空太亮,無法好好觀賞黃道光,不過東邊就相當暗,很適合在秋季觀賞曙光降臨前的黃道光。

這道由塵埃發出的光就跟行星光芒一樣,主要集中在黃道。春天時,黃道在日落後從西方地平線上猛然拉起,順便就把這股胖嘟嘟的光向上「抬」到遠遠高於地平線,讓它襯映於黑暗

夜空，造福北半球的觀賞者。在10月和11月，黃道面再度與地平線呈陡峭角度，只是這回發生在天亮前。雖然黃道光一年四季都在，但往往都以較低角度斜倚在地平線上的灰濛之中，因此不易察覺。在赤道及低緯度地區，黃道幾乎終年幾近垂直聳立，在那兒，任何沒有月光的夜晚都能看見黃道光。

我們所看到的光錐，僅是從太陽兩端向外至少延伸至木星（約8億500萬公里）的龐大黃道塵埃雲體的一小部分，所以它可說是太陽系裡獨一無二能以肉眼看見的最大物體。在某些絕佳的夜空下，比如遙遠的山麓頂峰或遠離都市燈光的地點，甚至可清楚看見黃道帶的錐頂。大部分觀察天空的人或許都看不到黃道帶，卻偶爾能看到黃道帶裡稍亮的橢圓輝映，即「對日照」（gegenschein）。

對日照是以180°背對著太陽的光芒，來到天空中最高點時大約是當地時間的午夜（日光節約時間1:00 a.m.）。此時，彗星塵埃如同滿月般正面迎向太陽，因此亮度又加強了些。時值午夜，你可想像在你背後或腳下另一頭的太陽光正越過地球，照向太空。

在9月到11月的秋季月分，最適合找尋對日照的蹤影，對北半球中緯度地區的觀星者來說，這時對日照出現在南方天空高處，而且不像在其他季節時，會受到亮星、銀河或黃道位置偏低等因素影響而難以觀察。我在午夜前，朝著尚未沉落的黃道星座左右張望，找到一小塊詭

▼ 這是一張在智利帕瑞納天文台極黑的夜空下，以長時間曝光所拍到的對日照（中央上方的發亮斑塊），以及部分黃道光帶，那是環繞整個天空的黃道帶的一部分。照片提供者：ESO／尤里‧貝雷斯基（Yuri Beletsky）

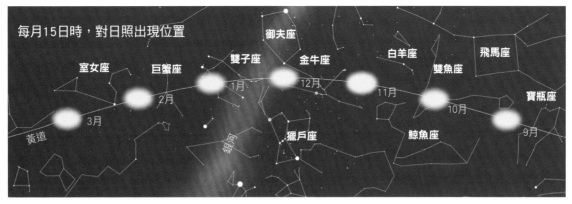

▲ 準備好接受挑戰了嗎？使用圖中的對日照月曆，為自己規劃一個觀測計畫。圖中顯示對日照在每月月中時的粗略外形與大小。最佳觀賞月分是10月～11月，和2月～3月。圖片提供者：鮑伯‧金恩

異的橢圓光芒，它的寬度比1個拳頭小，大約是3根手指寬。乍看之下，它像是異常黯淡的極光或銀河最不起眼的部分。對日照大概是最挑戰肉眼觀星者眼力的一道題目。假如讓你看見了，代表你所在的天空品質以及你的觀星技巧都已登峰造極。

　　浩瀚宇宙中普遍存在著各種深遠連結。長久以來，彗星在黃道帶上留下的大部分塵埃雲不是向內捲往太陽，就是被太陽輻射向外推。我們今天仍能看到黃道光，說明了來來去去的彗星始終不斷地為它提供補給。下一顆劃過你家後院天空的彗星所噴出的零碎塵埃，很有可能飄到黃道帶的塵埃雲中，讓未來的觀星者有機會一飽眼福。

　　在春天傍晚仰望黃道光，讓我們領略到細微之物如何集結聚合成輝煌事物。我們也因此更加了解天文學。藉由熟悉夜空，我們也成為這浩瀚宇宙的一部分。

　　（節錄自《天空與望遠鏡》雜誌部落格2015年7月22日文章〈我們為何能在黑暗中視物〉。版權歸屬2015《天空與望遠鏡》雜誌。未經許可，不得翻印。）

實用網站：

- 了解關於冰暈、彩虹及其他資訊的絕佳網站。網站內有大量照片：www.atoptics.co.uk/
- 加入彗星社群取得最新彗星資訊，電郵：comets-ml@yahoogroups.com
- 英國皇家天文學會－彗星組：www.ast.cam.ac.uk/~jds/
- 蓋瑞‧克隆克（Gary Kronk）談到所有彗星相關事物的彗星誌（Cometography）：cometography.com/
- 吉田誠一匯整的每周明亮彗星資訊：www.aerith.net/comet/weekly/current.html
- 新星及其他炫目恆星的新聞：www.aavso.org/
- 彗星製作短片：www.youtube.com/watch?v=FY_SFxP_jH0
- 探測67P/楚留莫夫－格拉希門克彗星的羅塞塔彗星任務：blogs.esa.int/rosetta/
- 夜光雲觀測網：ed-co.net/nlcnet/

致謝

在此我要感謝福瑞澤‧肯恩與南茜‧艾金森（Nancy Atkinson）主動邀我為《今日宇宙》撰文；也要向《天空與望遠鏡》雜誌資深編輯凱利‧碧帝（J. Kelly Beatty）致上相同謝意；以及我的東家《杜魯斯新聞論壇》，我衷心感謝他們多年來對我的天文部落格Astro Bob的支持，並允許我在書中引用許多珍貴照片；謝謝母親對我的信賴始終如一；謝謝父親在我孩提階段對攝影萌生興趣時，助我一臂之力，在地下室打造了一間暗房；我的兄弟邁可與丹讓我永遠笑口常開；羅伊‧海格（Roy Hager）是我年少歲月時的知音與導師，與我一起分享對天空的愛好；瑞克‧克勞威特（Rick Klawitter）是我自幼以來的摯友，我們二人幾十年來共同經歷許多冒險，也做了無數有趣、深入的對談；我親愛的太太琳達，我要謝謝她為我提供最佳建言、無私奉獻，還有她那令人莞爾的狡黠幽默；我最愛的女兒，凱薩琳和瑪麗亞；謝謝平面藝術家蓋瑞‧梅德爾，他是我所認識極有才華卻也非常自謙的人之一；感謝Page Street Publishing出版社賜予我此一絕佳機會；感謝編輯伊莉莎白‧塞瑟（Elizabeth Seise）對我投以無限熱情；感謝仁慈的攝影師群，書中處處彰顯出他們第一流的功力；最後，誠摯感謝上蒼容許我偶然地出現在時光不斷飛逝的洪流中，感受大自然的盈滿與神奇。

關於作者

　　鮑伯‧金恩生於芝加哥，而後在附近的莫頓格羅夫（Morton Grove）度過童年。10歲時，深受天上變化萬千的雲彩吸引，於是開始仰望天空。12歲時，在住家附近的雜貨店布告欄上張貼告示，號召喜愛天空的同好一起加入業餘天文學會（Organization of Amateur Astronomers，簡稱OAA）。他也在同年用送報攢下的錢買了一架15公分反射式望遠鏡，每當天空清澈時，便在自家後院探索夜空。

　　長大後，就讀伊利諾州立大學香檳分校。1979年，搬到杜魯斯市，開始在《杜魯斯新聞論壇報》擔任攝影師。目前為影像編輯，同時為社區教授天文相關課程，也定期在自己的部落格（Astro　Bob，網址astrobob.areavoices.com）發表關於天空的大小事。金恩已婚，2位女兒均已長大成人。他喜歡在日月星辰下歡度時光。

觀察練習列表（依章節順序排列）

第一章

地球的影子	10
夜間羅盤方位	12
追蹤國際太空站	12、26
捕捉銥衛星	24～25
拍攝太空站	24～25
追蹤衛星和火箭	26

第二章

尋找清澈夜空	29、34
製作紅光手電筒	29
氣象勘測衛星	31
星座盤用法	35
使用星之元素Stellarium app	37、39
記錄觀星日誌	38

第三章

跟著星星	43
察覺地球自轉	43
季節星座	46
圍繞北極星	46
丈量星距	52

第四章

拱極星群	58
視力檢驗	59
小熊座	60、62
仙后座	63
尋找造父四	65
尋找右樞	67

第五章

四季星圖對照	71
獅子的尾巴	73
掩星	74
蜂巢星團	76
牧夫座	78
室女座	79
托勒密星團	84
織女二	89
恆星雲	89
夏季星空	91
海豚座	94
天箭座	94
秋季四邊形	95
北落師門	96
牛宿二和牛宿一	97
寶瓶座	97
摩羯座	97
雙魚座	97
三角座	97
視力檢驗	97、106
白羊座	98
仙女座星系	99
昴宿星團	104
畢宿星團	105～106
金牛座雙星 θ	106
大陵五極暗點計算機	111
獵戶座腰帶	112
獵戶座	115
冬季六邊形	118

1月下旬的星星   120

第六章

月相   124
觀賞晨間眉月   124、126
月球隕石坑   125、133
月球自轉   127
月海   128、133
月球錯覺   137、141、145
龐佐錯覺   140〜141
觀賞日食   151
月食   155
日食攝影技巧   156

第七章

使用星之元素Stellarium app   158、162
行星的合   158、164
在其他行星上過生日   162
觀賞水星   164
觀賞金星   167
金星下的影子   169
火星運動   176
追蹤木星   178
你在其他行星上有多重   183

第八章

偶現流星   190
天琴座流星雨   191
觀賞寶瓶座 η 流星雨   193
獵戶座流星雨   195

買顆隕石   202
觀賞隕石   202

第九章

觀賞極光   205
拍攝極光   218

第十章

恆星閃爍   222
月暈   226
幻月   228
日冕   232、233
守望彗星   241
自己做一顆彗星   242
黃道光   243

索引

1劃

8月 15, 18, 45, 54, 58, 63, 81, 86, 88-89, 91, 103, 107, 149-151, 164, 178, 182, 187, 189, 193-194, 209, 223, 233, 238

2劃

人馬座 34-35, 46, 52-53, 81, 84-86, 91, 107, 143, 173, 178, 180, 182

3劃

土司空 92, 94-95, 98

土星 38, 53, 59, 65, 148, 157-162, 172-173, 176, 179-183

大犬座 72-73, 102, 107, 112, 116, 118

大角 70, 72, 76-78, 81-82, 93, 118, 219, 240

大美國日食網站 149-150, 154

大氣 9-10, 42, 53, 73, 84, 121, 130, 137, 143-148, 160, 169, 172, 186-189, 193, 196, 198, 200, 207, 209, 211, 219-220, 222, 224, 234, 237, 239

大陵五 107-111, 120

大熊座 54-55, 57-58, 60, 62, 74, 76, 82, 119-120, 201

小犬座 73, 115-116

小北斗 46, 49, 54, 60-62, 64, 66-67, 72, 82, 92, 102, 198

小行星 5, 122, 129, 154, 158, 160-161, 182, 184, 185-186, 188, 191, 197-198, 200-202, 236, 238-239, 240-241, 243

小熊座 60, 62

不明飛行物 167, 169, 219, 222

五車二 72-73, 92, 102, 107-108, 116, 118, 194, 197, 219

五帝座一 72-73, 79, 82

4劃

升起 121, 140, 143-145, 154, 230

天文台 33, 139, 171, 216, 222, 244

天文望遠鏡 1, 7, 11-12, 16-17, 20, 26, 28, 34, 38-39, 52, 55, 61-62, 69, 74, 79, 86-87, 89, 97-98, 100-101, 111, 114-115, 123, 125-126, 133, 137, 139, 147-148, 156, 159, 164, 168-170, 177, 180-181, 201, 222-223, 238-239, 241, 245-246

天文學 19, 27, 32, 34, 37-40, 61, 99, 122, 145, 148, 154, 160, 168, 171-173, 191, 202, 217, 245-246

天文學家 20, 28-29, 34, 54-56, 59-61, 77, 84, 86, 89, 91, 97-98, 101, 104, 109, 111, 115, 125, 128, 133, 142, 152-153, 160-161, 173, 175, 185, 189, 193, 201, 219, 222-224, 237-239, 241, 246

天王星 40, 158-160, 162, 183

天兔座 102, 116, 118, 120-121, 123, 125, 127, 129, 131-133, 135, 137, 139, 141, 143, 145, 147, 149, 151, 153, 155

天津四 60, 67, 82, 88-89, 91-95, 98, 101-102, 192

天狼星 60, 62, 72-73, 77, 101-102, 112, 116, 118, 170, 173-174, 197, 219, 221-222

天秤座 53, 81-83, 158, 174, 178

天船三 107-108

天頂 12, 35, 47-50, 70, 73, 89, 93, 106, 111,

	118, 131, 139-140, 170, 203, 206, 210, 212, 220	**5劃**	
天琴座	82, 88-93, 189, 191-192	仙女座	4, 59, 63, 70, 92, 97, 99-103, 108-109, 120, 236
天琴座流星雨	189, 191-192	仙王座	54, 61, 64-65, 69, 72, 82, 102, 108-109
天箭座	82, 88, 92-93	仙后座	48-49, 54, 61, 63-64, 72, 74, 82, 85,
天龍座	54, 57, 66-67, 72, 75, 82, 92, 102, 241		91-92, 99-100, 102, 107-111, 158, 194
天鵝座	82, 85-86, 88-89, 91-93, 102	冬天	10, 23, 38, 41, 45-46, 52, 57-58, 62, 64,
天蠍座	35, 43, 46, 53, 57, 73, 81-84, 91, 173-174, 178, 180, 182		70-73, 77, 81, 85-86, 95, 101, 103, 107, 109, 112, 116-118, 131, 143, 151, 164, 181, 191, 198, 222, 224-225
天鷹座	82, 85, 88, 91-92	冬季星空	101-120
太空人	4, 8, 11, 13-21, 23, 25, 122, 125-126, 128, 130, 137-138, 144, 146, 153, 186, 204, 209	凸月	115, 124, 127, 130, 134, 142, 151, 153, 191-193, 195-196
太空船	16, 106, 137, 153, 160-161, 166, 183, 187, 210, 239	北斗七星	4, 12, 35, 49-52, 54-55, 57, 60-64, 66-67, 70, 72, 75, 77-78, 81-82, 92-93, 95, 102, 139, 173, 191, 241
太陽	227-228		
少衛增八	54, 61, 65, 69	北河二	72-73, 102, 115-116, 118, 197
幻月	224, 227-229	北河三	72-73, 102, 115-116, 118, 197
心宿二	73, 81-84, 178	北冕座	14
手機app	4, 7-8, 20, 26-27, 35, 37, 39, 158, 216	北極二	60-63, 66, 69
方位角	12, 22, 50-51	北極星	12, 40, 46-50, 54, 58, 60-63, 65-67, 69,
月光	122		72, 82, 92, 102
月海	3, 128, 130-131, 133-135, 154, 246	北落師門	92, 95-98
月球 月亮	4-5, 30, 38, 53, 68, 73, 121-129, 131, 133-138, 142, 145-148, 152-156, 159-161, 172, 185, 219, 224, 226, 227-229, 231	南門二	49, 59-60, 79, 113
		右樞	54, 66-67, 69
		巨蟹座	45, 53, 72, 74, 76, 99, 173, 245
		氐宿一	81-83
木星	11, 48, 53, 65, 78-79, 97, 106, 113, 154, 157-159, 161-162, 172-174, 176-183, 200, 202, 225, 228, 243-244	白羊座	53, 57, 92, 98, 245
		6劃	
水星	40, 53, 157-167, 169-170, 172-173, 177, 183, 236	光圈	24-25, 28, 155, 218
		冰晶	224-230, 232, 234
火星	35, 52-53, 62, 83, 129, 154, 157-162, 171-177, 179, 182-183, 200, 202, 236	合	51, 53, 73, 154, 157-158, 161-164, 165, 167, 170-174, 178-179, 181
		地球軌道	174
火箭	8, 14, 20-21, 55, 163, 234	宇宙	20, 79, 87, 101

托勒密	77, 83-84
朱比特神	159, 176-178
米拉、芻蒿增二	92, 98, 102
西北非	201-202, 216

7劃

伽利略	61, 86, 133, 177, 205
低軌道	8, 10
克卜勒	133-136
希臘	120, 133, 166
希臘文	55-56, 61-63, 76, 83-84, 95, 98, 103-104, 106, 111, 145, 166, 205, 234, 237
角宿一	45, 70, 72-73, 77-79, 82, 178
貝母雲	209
赤道	17, 19, 36, 41-42, 47, 49, 60, 69, 111, 133, 176, 206, 237, 244

8劃

亞里斯多德	76, 133, 137, 237
亞里斯塔克斯	133-136
卷層雲	225-226, 231
夜光	233-234
夜光雲	5, 209, 219, 233-234, 245
夜視能力	27-29
弦月	127, 151, 153, 191-193, 195-196, 198
明暗界線	19-20, 127, 130, 151
武仙座	75, 82, 91-92, 137, 191
波特爾暗空分類	35
牧夫座	72, 76-78, 81, 92
近日點	173
近地點	141-142
金牛座	45, 52-53, 72-73, 77, 81, 86, 92, 99, 102, 105-107, 112, 116, 128, 143, 174, 180, 195-196, 241, 245
金牛座流星雨	190, 195-196
金星	170

長蛇座	72, 74-75
阿波羅任務	122, 128-130, 137-138, 144, 153-154
阿帝拉・丹可	29-30, 39

9劃

南河三	72-73, 115-116, 118
南極星	46-49, 51
奎宿九	94-95, 99
室女座	45, 49, 52-53, 72-73, 77-82, 101, 174, 178, 245
恆星	81, 82-83, 89
星之元素軟體 Stellarium	37, 39, 49, 53, 56-58, 61, 64, 66-67, 72, 74, 77, 81-83, 88, 90, 92, 94, 96, 102, 106, 108, 116, 118, 143, 157-158, 161-162, 170, 178, 182, 192, 194, 197
星系	4, 7, 34, 59-60, 65, 70, 78-80, 85-87, 92, 99-102, 107, 222, 236
星座	22, 30, 37, 47, 51, 59, 69, 71, 157, 181, 223
星座盤	35-36, 39, 70, 88
星雲	4, 63, 70, 80-81, 84-87, 89, 100, 102, 107, 114-116, 182, 184-185, 202
星群	45, 54-55, 57, 60, 67, 70, 73-75 88-89, 91, 94, 96-97, 107, 111-112, 116, 118-119
星團	4, 35, 63, 70, 73-76, 79-81, 83-86, 89, 91-92, 99-106, 109-111, 114, 116, 178, 195, 229, 241
春分或秋分	97, 142, 181
春天	29, 41, 45, 49, 52, 57, 60, 62-64, 67, 70-74, 76- 78, 83, 91, 97, 101, 106, 118, 120, 124, 139, 143, 164, 169, 171, 191, 210, 219, 222, 232, 240, 243-245
春季星空	71-80
昂宿七	39, 103-104
昂宿星團	72-73, 76, 92, 102-108, 112, 114, 116,

	178, 194-195, 229
流星	5, 7, 29, 38, 45, 133-134, 184-199, 202, 210, 212, 240, 243
相位	123-125
盾牌座	81, 91
眉月	71, 74, 87, 121-127, 134, 142, 146, 151-154, 161-165, 167-168, 170-172, 191-193, 195-198
秋天	29, 34, 41, 45-46, 52, 57-58, 60, 62-64, 70-71, 81-82, 88, 91-96, 101, 103, 106, 109, 111, 124, 139, 142, 143, 151, 153, 155, 164, 169, 171, 187, 189, 192, 198, 200-202, 210, 243-245
秋季四邊形	82, 91-92, 94-99, 102
秋季星空	91-101
紅石榴星（造父四）	61, 65
美國國家太空總署	11-12, 16-18, 22, 26, 30-31, 33, 39, 41, 59, 69, 85, 106, 114, 120, 128-129, 137-138, 140, 153-154, 158, 160-161, 165-166, 169, 180, 183, 186, 199, 204, 209-210, 213, 216, 223
英仙座	72, 92, 99, 107-111, 189, 194
英仙座流星雨	189-190, 194
軌道	8, 11, 15-17, 19-20, 22, 33, 45, 52, 57, 65, 146, 152-153, 158, 162-164, 167-169, 171-176, 178, 181, 188-189, 216, 237-241
軌道飛行器	137-138, 154
重力	19, 59, 69, 86-87, 116, 129-130, 153, 160, 177, 185, 201, 216, 224, 237, 239, 243
風暴	131, 133, 135
飛馬座	45, 91, 95, 97-98, 103, 245
食	4, 9-10, 16, 29-30, 37, 51, 53, 98, 107-109, 111, 121, 123-124, 145-151, 154-

	156, 203, 224

10劃

冥王星	79, 122, 158, 160-161, 183, 241
原子	69, 86, 207, 209-210, 237
哥白尼	134-136
夏天	7-8, 10, 20, 29, 35, 41, 45-46, 52, 57, 60, 64, 67, 69-71, 79, 81-86, 88-93, 95, 98, 101, 103, 107, 112, 143, 149, 151, 153, 164, 173, 180-181, 193, 232-234, 243
夏季星空	81-91
氣輝	18, 84, 236-237
氣體	85, 89, 184
海王星	108, 158-162, 173, 183
海怪	98, 103, 108
海豚座	57, 88, 92-94, 223
烏鴉座	45, 48-49, 72, 75, 81, 91
級別	81, 83, 101
茶壺	81-82, 85-87, 89, 92, 143, 178, 182
軒轅十四	72-76, 102
逆行	157, 174-176, 178
高軌道	22

11劃

冕	14, 72, 78, 81, 91-92, 148, 156, 212, 291, 224, 231-233
參宿七	102, 115-116, 118, 120, 222
參宿四	63, 65, 72, 83, 102, 113, 115-116, 118, 195
國家海洋與大氣管理局	31, 33-34, 211-212, 214-216
國際太空站	4, 8, 11-20, 22, 24-26, 37, 177, 204, 237
國際掩星協會	73
國際暗天協會	33, 39

彗星	5, 12, 37-38, 68, 76-77, 87, 89, 158, 160, 166, 185-189, 191, 193-196, 198, 219, 234, 236-245
彗髮	72, 82, 239, 242
御夫座	72-73, 92, 99, 102, 106-108, 110, 116, 197, 245
掩星	73-74, 162, 172,
畢宿五	72-73, 77, 92, 102, 105-106, 108, 112, 115-116, 118
畢宿星團	102, 104-106, 112, 116, 178, 229, 241
第谷坑	130, 133-137, 237

12劃

普勒俄涅	103-104
虛宿一	96-97
象限儀座流星雨	191
超級月亮	141-142, 154
開陽	58-60, 97
黃道	5, 36, 52-53, 55, 72-74, 76, 78, 81-83, 92, 97-98, 102, 124, 142-143, 147, 151, 153-154, 157-158, 162, 164, 169, 171, 173-175, 178, 180-182, 219, 236, 243-245

13劃

塔特爾	189, 194, 196, 198, 241
感光度	24-25, 155, 218
新星	223-224, 245
極光	5, 7, 17, 18, 34, 38, 158, 185, 203-207, 209-218, 222, 224, 234, 237-238, 240, 245
極區	22, 33, 41, 46-48, 50, 60, 66, 69, 76, 79, 166, 188, 207, 209-211, 233, 237
獅子座	43, 45, 53, 72-75, 78-82, 102, 173-174, 196
蜂巢星團	72, 74-76, 99, 102, 114, 116, 178

隕石	5, 130, 184, 187-188, 198-202
隕石坑	4, 121, 125, 130, 133-137, 153-154, 156, 160, 165-166, 169, 185, 199, 238

14劃

滿月	51, 59, 62, 69, 81, 84, 100, 111, 121-122, 124-127, 131, 133, 135-137, 139, 141-143, 145-147, 151, 153, 155, 163, 164, 168, 170-171, 173, 192-193, 195, 197-198, 224, 227, 229-231
網站	12-13, 26, 30, 33, 39, 69, 73, 87, 98, 120, 154, 183, 202, 215, 217, 241, 245
蓋瑞‧梅德爾	9, 16, 175, 245-246
輔	58-60, 97
遠地點	141-142
銥衛星	4, 8, 22-25

15劃

噴射推進實驗室	85, 183, 186
摩羯座	53, 82, 92, 97, 173-174, 178, 182
歐洲太空總署	59, 114, 180, 187, 245
歐洲南方天文台	68, 85, 87, 244
歐特雲	241
衛星	1, 4, 8-14, 17, 20, 22-26, 29-31, 33, 37, 39, 122, 129, 144, 146, 153, 158, 160, 173, 213, 216
衝	157, 172-182

16劃

壁宿二	94, 99
錯覺	137-140

17劃

| 曙暮光 | 8-10, 24-25, 46, 71, 89, 91, 125, 148, 155, 157, 169, 172, 176, 191, 210, 219, |

233-234, 243

18劃

獵戶座	7, 23, 35, 38-39, 43, 45-46, 48, 54, 63, 65, 72-74, 83, 86, 95, 101-102, 106-107, 111-116, 118, 120, 158, 189, 195, 197, 225, 229, 241, 245
獵戶座流星雨	189, 195
織女星	45, 62, 66-67, 72, 79, 82, 88-93, 101, 104, 107, 115, 191-192, 219, 222
雙子座	45, 53, 72-73, 81, 102, 107, 115-116, 118, 158, 174, 180, 189, 197, 245
雙子座流星雨	189-190, 197
雙魚座	52-53, 92, 96-98, 102, 158, 174, 245

19劃

穫月	122, 142-143
羅馬	10, 55, 60, 83-84, 163, 166, 172, 176, 180, 205
羅塞塔	187, 245
鯨魚座	92, 98, 102-103, 108, 245

20劃

寶瓶座	53, 57, 82, 92, 96-97, 178, 245
寶瓶座流星雨	192-193

21劃

鐮形星群	73-74, 76, 196

國家圖書館出版品預行編目（CIP）資料

裸眼看星空：觀星達人教你善用 APP、網路資源及簡易工具，輕鬆觀
察各種天文景象 / 鮑伯‧金恩（Bob King）著；丁超譯. -- 初版. -- 臺北
市：商周出版：家庭傳媒城邦分公司發行, 2017.07
　　面；　公分. -- (科學新視野；135)
　　譯自：Night sky with the naked eye
　　ISBN 978-986-477-267-4(平裝)

1. 實用天文學 2. 觀星

322   106009642

科學新視野 135

裸眼看星空：觀星達人教你善用 APP、網路資源及簡易工具，輕鬆觀察各種天文景象

作　　　者／鮑伯‧金恩（Bob King）
譯　　　者／丁超
審　　　訂／劉志安
企 畫 選 書／羅珮芳
責 任 編 輯／羅珮芳

版　　　權／黃淑敏、吳亭儀、邱珮芸
行 銷 業 務／周佑潔、黃崇華、張媖茜
總 編 輯／黃靖卉
總 經 理／彭之琬
事業群總經理／黃淑貞
發 行 人／何飛鵬
法 律 顧 問／元禾法律事務所王子文律師
出　　　版／商周出版
　　　　　　台北市 104 民生東路二段 141 號 9 樓
　　　　　　電話：（02）25007008　傳真：（02）25007759
　　　　　　E-mail：bwp.service@cite.com.tw
發　　　行／英屬蓋曼群島商家庭傳媒股份有限公司城邦分公司
　　　　　　台北市中山區民生東路二段 141 號 2 樓
　　　　　　書虫客服務專線：02-25007718；25007719
　　　　　　服務時間：週一至週五上午 09:30-12:00；下午 13:30-17:00
　　　　　　24 小時傳真專線：02-25001990；25001991
　　　　　　劃撥帳號：19863813；戶名：書虫股份有限公司
　　　　　　讀者服務信箱：service@readingclub.com.tw
　　　　　　城 邦讀書花園：www.cite.com.tw
香港發行所／城邦（香港）出版集團
　　　　　　香港灣仔駱克道 193 號東超商業中心 1F　E-mail：hkcite@biznetvigator.com
　　　　　　電話：（852）25086231　傳真：（852）25789337
馬新發行所／城邦（馬新）出版集團【Cite（M）Sdn Bhd】
　　　　　　41, Jalan Radin Anum, Bandar Baru Sri Petaling,
　　　　　　57000 Kuala Lumpur, Malaysia.
　　　　　　電話：（603）90578822　傳真：（603）90576622
　　　　　　Email: cite@cite.com.my

封 面 設 計／陳文德
內 頁 排 版／陳健美
印　　　刷／中原造像股份有限公司
經　　　銷／聯合發行股份有限公司
　　　　　　地址：新北市 231 新店區寶橋路 235 巷 6 弄 6 號 2 樓
　　　　　　電話：（02）2917-8022　傳真：（02）2911-0053

■ 2017 年 7 月 11 日初版　　　　　　　　　　　　　　　Printed in Taiwan
■ 2021 年 5 月 11 日初版 4 刷
定價 580 元

Original title: NIGHT SKY WITH THE NAKED EYE: How to Find Planets, Constellations, Satellites and Other Night Sky Wonders with a Telescope
Text Copyright © 2016 by Bob King
Published by arrangement with Page Street Publishing Co. through Andrew Nurnberg Associates International Limited
Complex Chinese translation copyright © 2017 by Business Weekly Publications, a division of Cité Publishing Ltd.
All rights reserved.

城邦讀書花園
www.cite.com.tw